JN094047

河合塾
SERIES

らくらくマスター

物理基礎・物理

六訂版

河合塾物理科　編

河合出版

は　じ　め　に

　物理は決して難しい科目ではありません。数式は使いますが，数学の問題に比べたら，ずっと簡単なものです。大切なことは，数式の変形ではなく物理現象をしっかりと見つめ，考えることです。

　そのためには，基本法則を一つ一つ確実に身につけていく必要があります。それも，単に公式を丸暗記するのではなく，良質の問題練習を通して理解していくのがよいでしょう。この問題集は，このような目的のためにつくられ，次のような構成になっています。

基本 142 問題

　問題を解きながら，法則，公式を理解し覚えることができます。

例題 159 問題

　いろいろな物理現象に対して法則，公式をどのように適用していくのかを学びます。全問題がこの目的のために効果的に構成され，入試問題を解くために必要な知識を身につけることができます。

　まず，肩の力を抜いて本書に取り組んでみましょう。知らず知らずのうちに，自信と実力が身につくことを保証します。

河合塾物理科

・・・How to use・・・

物理基礎，物理の全範囲を系統立てて学びたい君！

　そのような君にピッタリなのが本書です。物理を体系的に学ぶには，教科書のような物理基礎と物理という分け方では不都合です。本書は，力学・電磁気などの分野別に構成されていますので，各分野ごとに筋道を立てて理解することができます。

物理基礎から(あるいは物理基礎のみ)学びたい君！

　本書では，物理基礎の範囲か物理の範囲かが明確に分かるようにレイアウトを工夫しています。物理基礎の問題のみをピックアップして学べば，もちろん物理基礎の分野はすべて網羅できます。

$$
物理基礎の範囲 \begin{cases} 基本問題 & 1.2.\cdots \\ 例　　題 & \mathbf{1}.\mathbf{2}.\cdots \end{cases}
$$

$$
物理の範囲 \begin{cases} 基本問題 & 23.24.\cdots \\ 例　　題 & 26.27.\cdots \end{cases}
$$

物理基礎の中の基本問題5, 60, 61，例題3, 5, 6, 7, 74, 97は物理の範囲に入りますが，学習効果を考慮し，★印をつけ物理基礎の範囲の中に配置してあります。

物理の中の基本問題135, 136は物理基礎の範囲に入りますが，学習効果を考慮し，★★印をつけ物理の範囲の中に配置してあります。

―――――――― **執筆者（50音順）** ――――――――
小塩栄一　寺田正春　浜島清利　宮田　茂　本吉秀世

目　次

1. **等加速度直線運動** 2 m/s で走っている車が一定の加速度で速さを増していき，10 秒後に 8 m/s になった。加速度 a 〔m/s²〕はいくらか。

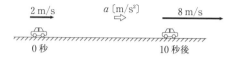

2. **等加速度直線運動** 10 m/s で走っている車が 0.5 m/s² の加速度で減速した。4 秒後の変位は $x=\boxed{\quad ア \quad}$ 〔m〕で，速さは $v=\boxed{\quad イ \quad}$ 〔m/s〕になる。

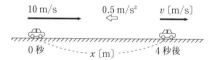

3. **$v-t$ グラフ** 直線道路を走っている車の速度と時間の関係が次の図で表されている。加速度 a 〔m/s²〕と 20 秒間の走行距離 x 〔m〕はいくらか。

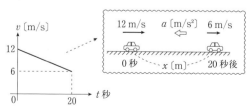

解答▼解説

1. 　1秒間あたりの速度の変化の割合を加速度という。

右の公式①より

$$8 = 2 + a \times 10$$

$$\therefore \quad a = \underline{0.6} \,[\mathrm{m/s^2}]$$

等加速度直線運動の公式

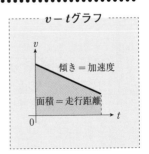

$$v = v_0 + at \cdots\cdots\cdots ①$$

$$x = v_0 t + \frac{1}{2}at^2 \cdots\cdots ②$$

$$v^2 - v_0^2 = 2ax \quad \cdots\cdots ③$$

2. 　公式①～③で，$a\,[\mathrm{m/s^2}]$ の向きが $v_0\,[\mathrm{m/s}]$ と同じ向き（加速）のときは $a > 0$，$a\,[\mathrm{m/s^2}]$ の向きが $v_0\,[\mathrm{m/s}]$ と逆向き（減速）のときは $a < 0$ になる。

(ア)　公式②より

$$x = 10 \times 4 + \frac{1}{2} \times (-0.5) \times 4^2 = \underline{36}\,[\mathrm{m}]$$

(イ)　公式①より

$$v = 10 + (-0.5) \times 4 = \underline{8}\,[\mathrm{m/s}]$$

(イ)の別解

公式③より

$$v^2 - 10^2 = 2 \times (-0.5) \times 36 \quad \therefore \quad v = \underline{8}\,[\mathrm{m/s}]$$

3. 　$v - t$ グラフの傾きは，加速度を表している。

$$a = \frac{6 - 12}{20} = \underline{-0.3}\,[\mathrm{m/s^2}]$$

$v - t$ グラフの面積は走行距離を表している。

$$x = \frac{(6 + 12) \times 20}{2} = \underline{180}\,[\mathrm{m}]$$

$v - t$ グラフ

傾き＝加速度

面積＝走行距離

基

4. **相対速度**　東向きに 60 km/h で走っている自動車 B を，西向きに 40 km/h で走っているバス A の中から見ると B の速度はどのように見えるか。

$$B \text{🚗} \longrightarrow 60\,\text{km/h}$$

$$40\,\text{km/h} \longleftarrow \text{🚌}\,A$$

★ 5. **相対速度**　北向きに 3 m/s で進む船 B を東向きに 4 m/s で進む船 A から見るとどのように見えるか。

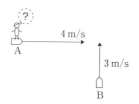

6. **自由落下**　ビルの屋上から小石を自由落下させた。3.0 秒後の速さ v は ┃ ア ┃ m/s で，3.0 秒間に小石が落下した距離 y は ┃ イ ┃ m である。重力加速度の大きさを 9.8 m/s² とする。

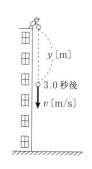

┌─────────────────────────────┐
│（注）　この問題のように，3 ではなく 3.0 │
│　　　　のような表記のときは，有効数字を │
│　　　　考慮して計算する。 │
└─────────────────────────────┘

基

4.　　A から見た B の速度

$\vec{v}_{AB}$ は

$$\vec{v}_{AB} = \vec{v}_B + (-\vec{v}_A)$$

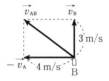

┌──────────────────────────────┐
相対速度

A から見た B の速度（相対速度）

$\vec{\boldsymbol{v}}_{AB}$ **は**

$$\vec{\boldsymbol{v}}_{AB} = \vec{\boldsymbol{v}}_B - \vec{\boldsymbol{v}}_A$$
└──────────────────────────────┘

<u>東向きに</u>

$|\vec{v}_{AB}| = v_{AB} = 60 + 40 = \underline{100}\ (km/h)$

5.　A から見た B の速度 $\vec{v}_{AB}$ は　　$\vec{v}_{AB} = \vec{v}_B - \vec{v}_A$
$= \vec{v}_B + (-\vec{v}_A)$

<u>左図の向きに</u>

$|\vec{v}_{AB}| = v_{AB} = \sqrt{3^2 + 4^2}$
$\quad = \underline{5}\ (m/s)$

6.

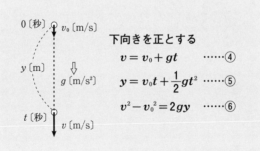

鉛直投げ下ろし（$v_0 = 0$ のときは自由落下）

下向きを正とする

$$v = v_0 + gt \quad\cdots\cdots④$$

$$y = v_0 t + \frac{1}{2}gt^2 \quad\cdots\cdots⑤$$

$$v^2 - v_0^2 = 2gy \quad\cdots\cdots⑥$$

(ア)　上式④より　$v = 9.8 \times 3.0 = 29.4 \fallingdotseq \underline{29}\ (m/s)$

(イ)　上式⑤より　$y = \dfrac{1}{2} \times 9.8 \times 3.0^2 = 44.1 \fallingdotseq \underline{44}\ (m)$

7. **鉛直投げ上げ** 地面から小石を 19.6 m/s の速さで真上に投げ上げた。2 秒後の速さ v は $\boxed{\quad ア \quad}$ m/s で，2 秒後の地面からの距離 y は $\boxed{\quad イ \quad}$ m である。重力加速度の大きさを 9.8 m/s² とする。

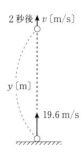

(注) この問題のように，2.0 ではなく，2 のような表記のときは，有効数字は考慮しなくてもよい。

基

7.

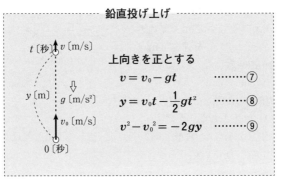

(ア)　式⑦より

$v = 19.6 - 9.8 \times 2 = \underline{0}$〔m/s〕

(イ)　式⑧より

$y = 19.6 \times 2 - \dfrac{1}{2} \times 9.8 \times 2^2 = \underline{19.6}$〔m〕

このことより，小石は2秒後に最高点に達し，その高さが19.6 mであることが分かる。

一定の加速度で運動している物体 P が点 O を速さ 8 m/s で通過し，7 秒後に点 A を速さ 6 m/s で逆向きに通過した。

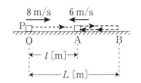

(1) 物体 P の加速度 a〔m/s²〕はいくらか。

(2) 点 O と点 A の間の距離 l〔m〕はいくらか。

(3) 物体 P が点 O から最も離れた点 B（折り返し点）と点 O との間の距離 L〔m〕はいくらか。

解

(1) 右向きを正として，$v = v_0 + at$ に代入する。

$$-6 = 8 + a \times 7 \quad \therefore \quad a = -2 \ \text{〔m/s²〕}$$

左向きに 2〔m/s²〕

(2) $x = v_0 t + \dfrac{1}{2}at^2$ に代入して

$$l = 8 \times 7 + \frac{1}{2} \times (-2) \times 7^2 \quad \therefore \quad l = \underline{7}〔m〕$$

別解

$v^2 - v_0^2 = 2ax$ に代入して

$$(-6)^2 - 8^2 = 2 \times (-2) \times l \quad \therefore \quad l = \underline{7}〔m〕$$

(3) 折り返し点 B で速度は一瞬 0 になる。

$v^2 - v_0^2 = 2ax$ に代入して

$$0^2 - 8^2 = 2 \times (-2) \times L \quad \therefore \quad L = \underline{16}〔m〕$$

なお，図から明らかなように，7 秒間の走行距離は（OB＋BA）なので

$$L + (L - l) = 16 + (16 - 7) = 25〔m〕$$

ココが ポイント

公式 $x = v_0 t + \dfrac{1}{2}at^2$，$v^2 - v_0^2 = 2ax$ の x は座標であり，走行（移動）距離ではない。

例題 2

一直線上を運動する物体 P の速度 v [m/s] と経過時間 t [s] の関係を，点 O を通過する瞬間を時刻 0 [s] とし，右向きの速度を正として表してある。

(1) 物体 P の加速度 a [m/s²] はいくらか。

(2) $t = 6$ [s] の瞬間における，点 O から物体 P までの距離 (位置座標) はいくらか。

(3) 物体 P が 6 秒間に動いた走行距離 (道のり) はいくらか。

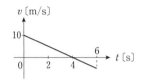

解

運動のようすを図示すると右図のようになる。

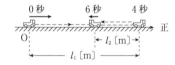

(1) $v - t$ グラフの傾きより

$a = -\dfrac{10}{4} = -2.5$ [m/s²]　∴　<u>左向きに 2.5 [m/s²]</u>

(2) $0 \leqq t \leqq 4$ [s] の間に走行した距離 l_1 [m] は $v - t$ グラフの面積より

$l_1 = \dfrac{1}{2} \times 4 \times 10 = 20$ [m]

$4 < t \leqq 6$ [s] の間に走行した距離 l_2 [m] は

$l_2 = \dfrac{1}{2} \times (6 - 4) \times 5 = 5$ [m]

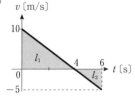

よって，$t = 6$ [s] の P の位置座標は

$l_1 - l_2 = \underline{15 \text{ [m]}}$

(3) 走行距離は $l_1 + l_2 = 20 + 5 = \underline{25 \text{ [m]}}$

ココが
ポイント

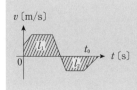

t_0 秒間の走行距離は
$l_1 + l_2$
t_0 秒後の位置座標は
$l_1 - l_2$

例題 **❸**★

東から $60°$ 北向きに $20.0\,\mathrm{m/s}$ で進む
船 A と，東向きに $10.0\,\mathrm{m/s}$ で進む船 B
がある。

(1) B からみると A の速度（相対速度）
はどのように見えるか。

(2) A からみると B の速度（相対速度）
はどのように見えるか。

(3) B の速度が $20.0\,\mathrm{m/s}$ になった。B か
らみた A の速度（相対速度）を求めよ。

解

(1) A の速度を $\vec{v_\mathrm{A}}$，B の速度を $\vec{v_\mathrm{B}}$ で表す。
$|\vec{v_\mathrm{A}}| = 20.0\,〔\mathrm{m/s}〕$ $|\vec{v_\mathrm{B}}| = 10.0\,〔\mathrm{m/s}〕$
B からみた A の速度 $\vec{v_\mathrm{BA}}$ は
$$\vec{v_\mathrm{BA}} = \vec{v_\mathrm{A}} - \vec{v_\mathrm{B}} = \vec{v_\mathrm{A}} + (-\vec{v_\mathrm{B}})$$
右図より $|\vec{v_\mathrm{BA}}| = 10.0\sqrt{3} \fallingdotseq 17.3\,〔\mathrm{m/s}〕$
<u>北向きに $17.3\,〔\mathrm{m/s}〕$</u>

(2) A からみた B の速度 $\vec{v_\mathrm{AB}}$ は
$$\vec{v_\mathrm{AB}} = \vec{v_\mathrm{B}} - \vec{v_\mathrm{A}}$$
$$= \vec{v_\mathrm{B}} + (-\vec{v_\mathrm{A}})$$
右図より $|\vec{v_\mathrm{AB}}| = 10.0\sqrt{3} \fallingdotseq 17.3\,〔\mathrm{m/s}〕$
<u>南向きに $17.3\,〔\mathrm{m/s}〕$</u>

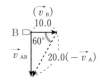

(3) B の速度を $\vec{v'_\mathrm{B}}$ で表す。
$|\vec{v'_\mathrm{B}}| = 20.0\,〔\mathrm{m/s}〕$
B からみた A の速度 $\vec{v'_\mathrm{BA}}$ は
$$\vec{v'_\mathrm{BA}} = \vec{v_\mathrm{A}} - \vec{v'_\mathrm{B}}$$
$$= \vec{v_\mathrm{A}} + (-\vec{v'_\mathrm{B}})$$
右図より $|\vec{v'_\mathrm{BA}}| = 20.0\,〔\mathrm{m/s}〕$
<u>西から $60°$ 北向きに $20.0\,〔\mathrm{m/s}〕$</u>

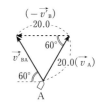

例題 **4**

　地面からの高さが 19.6m のビルの屋上から，小石を真上に 14.7 m/s の速さで投げ上げた。重力加速度の大きさを 9.8 m/s² とする。

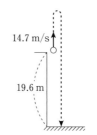

(1) 小石が最高点に達するまでの時間は何秒か。

(2) 小石は何秒後に地面に達するか。

(3) 小石が地面に達する直前の速さは何 m/s か。

解

投げ上げた瞬間を 0 秒とし，座標軸の原点 O をビルの屋上にとる。

(1) 最高点では一瞬，$v = 0$ になる。

$v = v_0 - gt$ より

$0 = 14.7 - 9.8 \times t_1$ ∴ $t_1 = \underline{1.5}$ 〔s〕

(2) 地面の座標は $y = -19.6$ 〔m〕なので，

$y = v_0 t - \dfrac{1}{2}gt^2$ に代入して

$-19.6 = 14.7 \times t_2 - \dfrac{1}{2} \times 9.8 \times t_2{}^2$

∴ $t_2 = -1,\ 4$　　-1 秒は不適当，よって **4 秒後**

(3) 地面に達する直前の小石の速さを v_2〔m/s〕とおく。

$v^2 - v_0{}^2 = -2gy$ に代入して

$v_2{}^2 - 14.7^2 = -2 \times 9.8 \times (-19.6)$ ∴ $v_2 = \underline{24.5}$〔m/s〕

〔鉛直投げ上げ〕

　　　　　正

最高点 ……… $v = 0$　　**最高点では $v = 0$**

y …… t 秒

$\quad\quad\quad\quad v$

g ⇩

$\quad\quad\quad v_0$

O …… 0 秒

公式 $\begin{cases} v = v_0 - gt \\ y = v_0 t - \dfrac{1}{2}gt^2 \\ v^2 - v_0{}^2 = -2gy \end{cases}$ の y は座標

例題 **5**★

　水平面上の点 O から，30° 上方に 20 m/s の速さで小石を投げ上げた。重力加速度の大きさを 10 m/s² とする。答は $\sqrt{}$ のままでよい。

(1) 投げた瞬間の速度の水平成分 v_{0x}〔m/s〕，鉛直成分 v_{0y}〔m/s〕を求めよ。

(2) 0.5 秒後の速さ v〔m/s〕を求めよ。

(3) 0.5 秒後の小石の位置の座標 (x, y) を求めよ。

(4) 投げてから最高点に達するまでの時間 t_1〔s〕と，最高点の高さ h〔m〕を求めよ。

(5) 投げてから水平面に達するまでの時間 t_2〔s〕と，点 O からの距離 l〔m〕を求めよ。

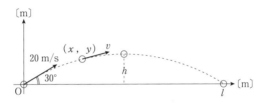

斜方投射の考えかた

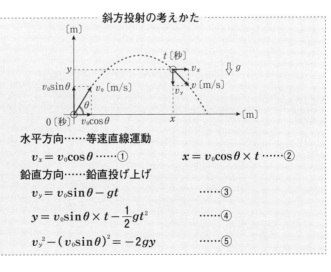

水平方向……等速直線運動

$v_x = v_0\cos\theta$ ……①　　　　　　　$x = v_0\cos\theta \times t$ ……②

鉛直方向……鉛直投げ上げ

$v_y = v_0\sin\theta - gt$　　　　　　　　……③

$y = v_0\sin\theta \times t - \dfrac{1}{2}gt^2$　　　　……④

$v_y{}^2 - (v_0\sin\theta)^2 = -2gy$　　　　……⑤

解

(1) $v_{0x} = 20\cos 30° = \underline{10\sqrt{3}}$ 〔m/s〕

$v_{0y} = 20\sin 30° = \underline{10}$ 〔m/s〕

(2) v の x 成分を v_x, y 成分を v_y とする。

速度の水平成分は変化しないので

$v_x = v_{0x} = 10\sqrt{3}$ 〔m/s〕

鉛直方向は鉛直投げ上げの式③より

$v_y = 10 - 10 \times 0.5 = 5$ 〔m/s〕

よって $v = \sqrt{v_x{}^2 + v_y{}^2} = \sqrt{300 + 25} = \underline{5\sqrt{13}}$ 〔m/s〕

(3) 式②より

$x = v_{0x} \times 0.5 = 10\sqrt{3} \times 0.5 = \underline{5\sqrt{3}}$ 〔m〕

式④より

$y = v_{0y} \times 0.5 - \dfrac{1}{2} \times 10 \times (0.5)^2$

$= 10 \times 0.5 - \dfrac{1}{2} \times 10 \times (0.5)^2 = \underline{3.75}$ 〔m〕

(4) 最高点では一瞬 $v_y = 0$ となるので

式③より

$0 = 10 - 10 \times t_1 \quad \therefore \quad t_1 = \underline{1}$ 〔s〕

式④より

$h = 10 \times 1 - \dfrac{1}{2} \times 10 \times 1^2 = \underline{5}$ 〔m〕

 最高点 $\Rightarrow v_y = 0$

(5) 水平面では $y = 0$ なので式④より

$0 = 10 \times t_2 - \dfrac{1}{2} \times 10 \times t_2{}^2 \quad \therefore \quad t_2 = 0,\ 2$

$t = 0$ は不適当なので $t_2 = \underline{2}$ 〔s〕

(参考)　放物運動では, 最高点に達するまでと, 最高点に達した後の運動は対称的なので $t_2 = 2t_1 = 2 \times 1 = \underline{2}$ 〔s〕 として求めてもよい。

式②より

$l = 10\sqrt{3} \times t_2 = 10\sqrt{3} \times 2 = \underline{20\sqrt{3}}$ 〔m〕

例題 **6** ★

　高さ h〔m〕のビルの屋上から，水平方向に速さ v_0〔m/s〕で小石を投げた。ただし，重力加速度の大きさを g〔m/s²〕とする。

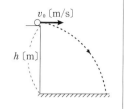

(1) 小石が地面に達するまでに何秒かかるか。

(2) 小石はビルから何 m 離れた点に落ちるか。

(3) 地面に達する直前の小石の速さはいくらか。

解

　屋上を原点 O，右向きに x 軸，下向きに y 軸をとる。投げた瞬間を時刻 0，地面に達する時刻を t〔秒〕とする。

　水平方向は等速直線運動，鉛直方向は自由落下の式を用いる。

(1) $h = \dfrac{1}{2}gt^2$ より

$$t = \sqrt{\dfrac{2h}{g}} \ \text{〔s〕}$$

(2) 求める距離を l〔m〕とする。

$$l = v_0 \times t = v_0\sqrt{\dfrac{2h}{g}} \ \text{〔m〕}$$

(3) 地面に達する直前の小石の速さ v〔m/s〕の x 成分を v_x，y 成分を v_y とする。

$$v_x = v_0 \ \text{〔m/s〕}$$

$$v_y = gt = g \times \sqrt{\dfrac{2h}{g}} = \sqrt{2gh} \ \text{〔m/s〕}$$

$$\therefore \quad v = \sqrt{v_x{}^2 + v_y{}^2} = \sqrt{v_0{}^2 + 2gh} \ \text{〔m/s〕}$$

なお，$\tan\theta = \dfrac{v_y}{v_x} = \dfrac{\sqrt{2gh}}{v_0}$ となる。

例題 **7**★ ─────────

高さ 40 m のビルの屋上から，水平方向と 30° の角をなすように斜め上方に向かって速さ 20 m/s で小石を投げた。ただし，重力加速度の大きさを 10 m/s² とする。

(1) 小石の最高点の地面からの高さはいくらか。

(2) 小石が地面に達するまでに何秒かかるか。

(3) 小石が地面に当たるときの速度の方向が，地面となす角 θ はいくらか。

(4) 小石はビルから何 m 離れた点に落ちるか。

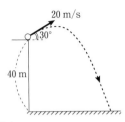

解

屋上を原点 O，右向きに x 軸，上向きに y 軸をとる。投げた瞬間を時刻 0，地面に達する時刻を t〔秒〕とする。

水平方向は等速直線運動，鉛直方向は鉛直投げ上げの公式を用いる。

(1) 最高点での速度の鉛直成分は 0 なので

$$0^2 - (20\sin 30°)^2 = -2 \times 10 \times h$$

$$\therefore \quad h = 5$$

地面からの高さは $5 + 40 = \underline{45}$ 〔m〕

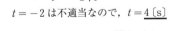

(2) 地面の y 座標は $y = -40$ なので

$$-40 = 20\sin 30° \times t - \frac{1}{2} \times 10 \times t^2$$

$$\therefore \quad t = -2 , 4$$

$t = -2$ は不適当なので，$t = \underline{4}$〔s〕

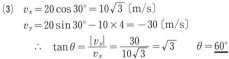

(3) $v_x = 20\cos 30° = 10\sqrt{3}$〔m/s〕

$v_y = 20\sin 30° - 10 \times 4 = -30$〔m/s〕

$$\therefore \quad \tan\theta = \frac{|v_y|}{v_x} = \frac{30}{10\sqrt{3}} = \sqrt{3} \qquad \theta = \underline{60°}$$

(4) $l = 20\cos 30° \times 4 ≒ \underline{69.3}$〔m〕

8. 重力 質量 3 kg の物体にはたらく重力は鉛直下向きで，その大きさは □ N である。ただし，重力加速度の大きさを $g = 9.8\,\mathrm{m/s^2}$ とする。

3 kg

重力

● ●

9. ばねの弾性力 ばね定数 20 N/m のばねが自然長（力を加えないときのばねの長さ）から 0.15 m 縮んで静止している。ばねが指を押している力は □ ア □ N で，壁を押している力は □ イ □ N である。

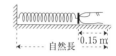

0.15 m

自然長

● ●

基

10. 静止摩擦力 粗い水平面上に質量 10 kg の物体を置いた。この物体を，水平方向に 8 N の力で押したが静止したままであった。このとき物体にはたらく静止摩擦力 F の大きさは □ ア □ N である。また，押す力が $f = $ □ イ □ N より大きくなるとすべり出す。静止摩擦係数を $\mu = 0.5$，重力加速度の大きさを $9.8\,\mathrm{m/s^2}$ とする。

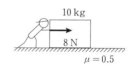

10 kg

8 N

$\mu = 0.5$

解答▼解説

8. 重力は $3 \times 9.8 = \underline{29.4}$ 〔N〕で，3〔kgw〕と表す
こともできる。

$\qquad 1$〔kgw〕$= 9.8$〔N〕

重力

m〔kg〕

mg〔N〕

● ●

9. $k = 20$〔N/m〕，$x = 0.15$〔m〕なので，弾性力の大
きさ F〔N〕は

$\qquad F = 20 \times 0.15 = 3$〔N〕

ばねは縮んでいる場合，両端に接触している物（壁と
指）を同じ大きさの力（3〔N〕）で押している。

(ア) $\underline{3}$〔N〕 (イ) $\underline{3}$〔N〕

弾性力

$$F = kx$$

● ●

10. μN はすべり出す直前にはたらく静止摩
擦力で**最大摩擦力**という。**静止摩擦力の向き
は，物体がすべり出そうとする向きと反対で
ある。**

静止摩擦力

N

静止

F

粗い水平面

$$F \leqq \mu N$$

ここで N は垂直抗力

(ア) 水平方向の力のつり合い式より

$\qquad F = \underline{8}$〔N〕

(イ) すべり出す直前なので，静止摩擦力
は最大摩擦力になり，

$\qquad \mu N = 0.5N$ で表される。

水平方向の力のつり合い式は

$\qquad f = 0.5N$

鉛直方向の力のつり合い式は

$\qquad N = 10 \times 9.8$

この 2 式より $f = \underline{49}$〔N〕

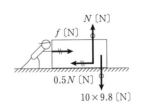

N〔N〕

f〔N〕

$0.5N$〔N〕

10×9.8〔N〕

基

11. **動摩擦力**　粗い水平面上で，質量 10 kg の物体を右向きにすべらせる。この物体にはたらく動摩擦力の大きさは $F' = \boxed{}$ N である。動摩擦係数を $\mu' = 0.2$，重力加速度の大きさを 9.8 m/s² とする。

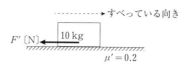

●●●

12. **圧力**　5 m² の面に 10 N の力がはたらいているときの圧力は $\boxed{\quad \mathcal{ア} \quad}$ である。また，10^5 Pa の圧力が 10^{-2} m² の面にかかっているとき，この面が受けている力は $\boxed{\quad \mathcal{イ} \quad}$ である。

基

11.　動摩擦力の向きは，物体がすべっている向きと逆向きにはたらき，その大きさはすべる速度に関係なく $F' = \mu' N$ と表される。

鉛直方向の力のつり合い式より

$$N = 10 \times 9.8 \, [\text{N}]$$

$$\therefore \quad F' = \mu' N$$

$$= 0.2 \times 10 \times 9.8$$

$$= \underline{19.6} \, [\text{N}]$$

また，静止摩擦係数 μ と μ' の関係は，一般的に　$\mu > \mu'$　の関係がある。

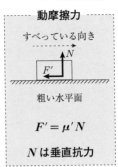

動摩擦力

すべっている向き

粗い水平面

$$F' = \mu' N$$

N は垂直抗力

• •

12.　圧力とは単位面積にはたらく力の大きさのことであり，$S \, [\text{m}^2]$ の面積に $F \, [\text{N}]$ の力が面に垂直にはたらいているときの圧力 $P \, [\text{Pa}]$ は，$P = F/S$ である。$[\text{Pa}]$（パスカル）は $[\text{N/m}^2]$ とも表す。

(ア)　$P = 10/5 = \underline{2} \, [\text{Pa}]$

(イ)　$F = PS = 10^5 \times 10^{-2} = \underline{10^3} \, [\text{N}]$

基

13. 水圧　水面から 0.1 〔m〕下の位置を点 A とする。点 A における水圧は $P = \boxed{}$ 〔Pa〕である。水の密度を $\rho = 1 \times 10^3$ 〔kg/m³〕，重力加速度の大きさを $g = 9.8$ 〔m/s²〕とする。ただし，大気圧を考慮しない。

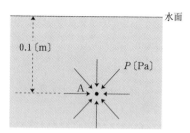

● ●

14. 浮力　底面積 0.01 〔m²〕の円柱を水に浮かべたところ，水中部分の円柱の長さは 0.1 〔m〕であった。水の密度を $\rho = 1 \times 10^3$ 〔kg/m³〕，重力加速度の大きさを $g = 9.8$ 〔m/s²〕とする。

　この円柱にはたらく浮力の大きさは $f = \boxed{\quad ア \quad}$ 〔N〕で，円柱の質量は $\boxed{\quad イ \quad}$ 〔kg〕である。

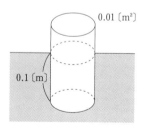

13. 点 A において，水面と平行に1〔m²〕の面積（単位面積という）を考える。その面積の上に載っている水の体積は 0.1〔m³〕であり，その水にはたらく重力がその位置における水圧になる。

$$P = 1 \times 10^3 \times 9.8 \times 0.1$$
$$= \underline{9.8 \times 10^2}\,〔\text{Pa}〕$$

なお，水圧 P は点 A のあらゆる方向からはたらいている。

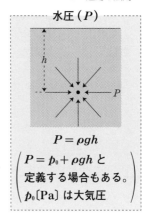

水圧 (P)

$$P = \rho g h$$

$\left(\begin{array}{l} P = p_0 + \rho g h \text{ と} \\ \text{定義する場合もある。} \\ p_0〔\text{Pa}〕\text{は大気圧} \end{array}\right)$

● ●

14. 物体にはたらく浮力の大きさ f は，液体中にある物体と同体積の液体にはたらく重力と，その大きさが等しい。これをアルキメデスの原理という。

$$V = 0.1 \times 0.01 = 10^{-3}\,〔\text{m}^3〕$$
なので
$$f = \rho V g$$
$$= 1 \times 10^3 \times 10^{-3} \times 9.8 = \underline{9.8}_{(ア)}〔\text{N}〕$$

円柱の質量を m〔kg〕とする。力のつり合い式は

$$m \times 9.8 = f \qquad \therefore \quad m = \underline{1}_{(イ)}〔\text{kg}〕$$

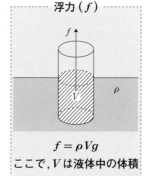

浮力 (f)

$$f = \rho V g$$
ここで，V は液体中の体積

基

— 25 —

15. **作用・反作用の法則**　人が壁を 15 N の力で水平方向左向きに押して静止している。壁が人に及ぼす力の向きは $\boxed{ア}$ で，その大きさは $\boxed{イ}$ N である。

• •

16. **運動方程式**　質量 10 kg の物体が 2 m/s² の加速度で運動している。この物体にはたらく合力の向きは加速度の向きと $\boxed{ア}$ 向きで，その大きさは $F = \boxed{イ}$ N である。

基

15.

> ──── 作用・反作用の法則 ────
>
> 物体 A が物体 B に力を及ぼしているとき，その力と大きさが同じ
> で向きが反対の力を物体 B は物体 A に及ぼしている。

(ア)　<u>水平方向右向き</u>

(イ)　<u>15</u>〔N〕

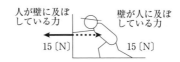

・・

16.

運動方程式

$m\vec{a} = \vec{F}$

$\vec{F}$ は物体にはた
らく合力である。

(ア)　物体にはたらく合力の向きと，加速度の向
きは<u>同じ</u>である。

(イ)　合力の大きさ F〔N〕は

$F = ma$

$\quad = 10 \times 2 = \underline{20}$〔N〕

　0.5 m 離れた天井の 2 点から長さ 0.4 m と 0.3 m の 2 本の糸で 5 kg の物体をつり下げた。それぞれの糸の張力の大きさは何 N か。重力加速度の大きさを 9.8 m/s² とする。

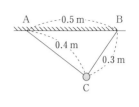

解

　物体には重力と張力 T_1 〔N〕, T_2 〔N〕がはたらき, これらがつり合っている。水平方向に x 軸, 鉛直方向に y 軸をとり, これらの力を成分に分ける。

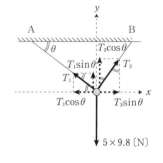

x 軸方向の力のつり合い式より

　　$T_2\sin\theta = T_1\cos\theta$

y 軸方向の力のつり合い式より

　　$T_1\sin\theta + T_2\cos\theta = 5 \times 9.8$

また, △ABC は直角三角形なので

　　$\cos\theta = \dfrac{4}{5},\ \ \sin\theta = \dfrac{3}{5}$

となり, これを代入してこの 2 式を解くと

　　$T_1 = \underline{29.4}$ 〔N〕　　$T_2 = \underline{39.2}$ 〔N〕

別解　力の三角形をつくる。△ABC と △PQR は相似なので

　　$T_1 = 5 \times 9.8 \times \sin\theta$

　　　$= 5 \times 9.8 \times \dfrac{3}{5} = \underline{29.4}$ 〔N〕

　　$T_2 = 5 \times 9.8 \times \cos\theta = 5 \times 9.8 \times \dfrac{4}{5} = \underline{39.2}$ 〔N〕

ココが ポイント

〔力の図示のしかた〕
① 　まず, 重力を図示する。
② 　次に, 接触力（その物体に接触している他の物体から受ける力）を図示する。例えば, 物体が面に接触している場合は垂直抗力と摩擦力, 糸に接触している場合は張力。

例題 9

傾角 θ の斜面上に質量 m の物体 A をのせ，これに糸をつけて滑車をへて質量 M の物体 B をつるす。斜面と A の間の静止摩擦係数を μ，重力加速度の大きさを g とする。A が斜面上で静止しているためには，B の質量 M は，

$\boxed{\quad \text{ア} \quad} \leqq M \leqq \boxed{\quad \text{イ} \quad}$ の範囲でなければならない。

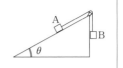

解

最大摩擦力の向きは，A がすべり下りる直前では斜面に沿って上向き，すべり上がる直前では斜面に沿って下向きになる。

(ア) M の最小値を M_1 とおく。このとき A はすべり降りる直前である。

B にはたらく力のつり合い式は
$$T_1 = M_1 g$$

A にはたらく力のつり合い式は
$$\begin{cases} \text{斜面に垂直方向} \quad N = mg\cos\theta \\ \text{斜面方向} \quad\quad\quad T_1 + \mu N = mg\sin\theta \end{cases}$$

この 3 式を解いて $\underline{M_1 = m(\sin\theta - \mu\cos\theta)}$

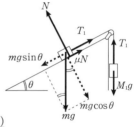

(イ) M の最大値を M_2 とおく。

B にはたらく力のつり合い式は
$$T_2 = M_2 g$$

A にはたらく力のつり合い式は
$$\begin{cases} \text{斜面に垂直方向} \quad N = mg\cos\theta \\ \text{斜面方向} \quad\quad\quad T_2 = \mu N + mg\sin\theta \end{cases}$$

この 3 式を解いて $\underline{M_2 = m(\sin\theta + \mu\cos\theta)}$

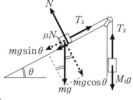

〔張力の図示のしかた〕

▲直線部分の両端を同じ大きさの力で引っぱっている。

▲一本の糸ならば，滑車が存在してもその大きさは変化しない。

例題 10

粗い水平面上で，2 kg の物体を初速度 10 m/s ですべらせたところ 25 m すべって止まった。重力加速度の大きさを 10 m/s² とする。

(1) 物体が止まるまでの間，物体に生じている加速度 a〔m/s²〕はいくらか。初速度の向きを正として答えよ。

(2) 動摩擦係数 μ' はいくらか。

解

(1) 等加速度直線運動の公式 $v^2 - v_0^2 = 2ax$（P 7 の 1 参照）に代入する。

$$0^2 - 10^2 = 2 \times a \times 25$$
$$\therefore \quad a = \underline{-2}\,〔\text{m/s}^2〕$$

(2) 右図のように，力の図示をする。

y 軸方向の力のつり合い式より

$$N = 2 \times 10$$

x 軸方向は，運動方程式より

$$2 \times a = -\mu' N$$

$a = -2$〔m/s²〕を代入してこの 2 式を解くと

$$\mu' = \underline{0.2}$$

（垂直抗力）N　すべっている向き

（運動摩擦力）$\mu' N$ ← a → x

2×10〔N〕

〔運動方程式をつくる手順〕

(i) 物体にはたらくすべての力を図示する。

(ii) 力を運動方向とそれに垂直な方向に分解する。

(iii)
$$
\begin{cases}
\text{運動に垂直な方向} \Rightarrow \text{力のつり合い式} \\
\text{運動方向} \Rightarrow \text{運動方程式}\,(m\vec{a} = \vec{F})
\end{cases}
$$

例題 **11**

　粗い水平面上に質量 m〔kg〕の物体を
おき，糸をつけて水平と $30°$ をなす向き
に F〔N〕の力で引っぱった。物体と水
平面の間の静止摩擦係数を 0.5，動摩擦
係数を 0.25，重力加速度を g〔m/s²〕と
する。

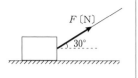

(1) F がいくら以下のとき，物体は静止しているか。

(2) $F = mg$〔N〕で引き続けたときの物体の加速度の大きさ
　 a〔m/s²〕はいくらか。

解

(1) f は静止摩擦力，N は垂直抗力である。

　x 方向の力のつり合い式より

$$\frac{\sqrt{3}}{2}F = f \quad \cdots\cdots\cdots①$$

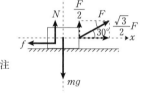

　y 方向の力のつり合い式より，$N \neq mg$ に注
意して，

$$N + \frac{F}{2} = mg \quad \cdots\cdots\cdots②$$

式①，②より f，N を求めて $f \leq 0.5N$ に代入する。

$$\frac{\sqrt{3}}{2}F \leq 0.5\left(mg - \frac{F}{2}\right) \quad \therefore \quad \underline{F \leq \frac{2mg}{2\sqrt{3}+1}}\,〔N〕$$

(2) 右図で，N' は垂直抗力，$0.25N'$ は動摩擦力である。

　y 方向の力のつり合い式より

$$N' + \frac{mg}{2} = mg$$

x 方向の運動方程式は

$$ma = \frac{\sqrt{3}}{2}mg - 0.25N'$$

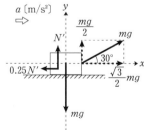

これら 2 式より

$$\underline{a = \left(\frac{\sqrt{3}}{2} - \frac{1}{8}\right)g}\,〔m/s²〕$$

基

　傾角 30° の粗い斜面がある。斜面上方に v_0 [m/s] の速さで m [kg] の物体を打ち出したら途中からもどってきた。動摩擦係数を $\dfrac{1}{2\sqrt{3}}$ ，重力加速度の大きさを g [m/s²] とする。

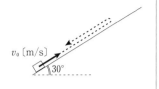

(1)　昇るときの加速度の大きさ a_1 [m/s²] はいくらか。

(2)　降りるときの加速度の大きさ a_2 [m/s²] はいくらか。

(3)　出発点から最高点までの距離 l [m] はいくらか。

(4)　出発点にもどってきたときの速さ v [m/s] はいくらか。

解

(1)　速度が遅くなるので加速度は斜面に沿って下向きになる。

　　y 方向の力のつり合い式は　$N = mg\cos 30°$

　　x 方向の運動方程式は

$$ma_1 = mg\sin 30° + \frac{1}{2\sqrt{3}}N$$

　　この 2 式を解いて　$a_1 = \dfrac{3}{4}g$ [m/s²]

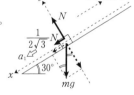

(2)　斜面に沿って下向きに加速度を a_2 とする。

　　y 方向の力のつり合い式は　$N = mg\cos 30°$

　　x 方向の運動方程式は

$$ma_2 = mg\sin 30° - \frac{1}{2\sqrt{3}}N$$

　　この 2 式を解いて　$a_2 = \dfrac{1}{4}g$ [m/s²]

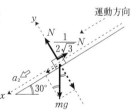

(3)　公式 $v^2 - v_0{}^2 = 2ax$ に代入して

$$0^2 - v_0{}^2 = 2 \times \left(-\frac{3}{4}g\right) \times l \quad \therefore \quad l = \frac{2v_0{}^2}{3g} \text{ [m]}$$

(4)　公式 $v^2 - v_0{}^2 = 2ax$ に代入して

$$v^2 - 0^2 = 2 \times \frac{g}{4} \times l \quad \therefore \quad v = \sqrt{\frac{gl}{2}} = \frac{v_0}{\sqrt{3}} \text{ [m/s]}$$

例題 13

なめらかな水平面上に質量2kg
と3kgの物体A, Bがある。Aを
10Nの力で押し続けた。

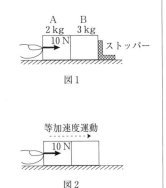

図1

(1) ストッパーにより, A, Bが静
止しているとき(図1), AがB
を押す力はいくらか。

(2) 次に, ストッパーを取り去った
ところ(図2), A, Bは水平面上
をすべり, 等加速度直線運動をし
た。AがBを押す力と, A, Bの
加速度の大きさを求めよ。

図2

解

(1) 実線はAが受ける力, 点線はB
が受ける力である。図では, 鉛直
方向の力(重力と垂直抗力)は省略
してある。

　Aの力のつり合い, 及び作用・
反作用の法則より

　　<u>10 N</u>

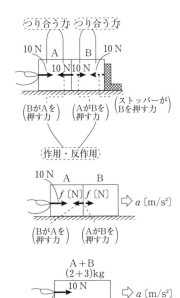

(2) Aの運動方程式は

　　$2 \times a = 10 - f$　…①

　Bの運動方程式は

　　$3 \times a = f$　………②

式①, ②より

　　$a = \underline{2\,\text{m/s}^2}$　$f = \underline{6\,\text{N}}$

(参考) 式① + ②より

　　$(2+3)a = 10$

となり, これはAとBを一体と
考えた場合の運動方程式を表して
いる。

基

質量 m と $M(M>m)$ の物体を糸 a で結び質量
の無視できる滑車にかける。重力加速度の大きさを
g とする。両物体を同じ高さにして静かに放した。

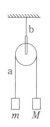

(1) 糸 a の張力 T と両物体の加速度の大きさ a は
いくらか。

(2) 滑車をつるしている糸 b の張力 S はいくらか。

(3) 両物体の高さの差が h となるまでの時間はい
くらか。

解

2つの物体が運動する場合は，それぞれの運動の向きを正
として運動方程式をつくればよい。

(1) 質量 M の物体の運動方程式は

$$Ma = Mg - T$$

質量 m の物体の運動方程式は

$$ma = T - mg$$

この2式を解いて $\quad T = \dfrac{2Mm}{M+m}g \qquad a = \dfrac{M-m}{M+m}g$

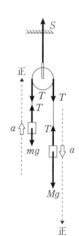

(2) 滑車についての力のつり合い式より

$$S = 2T = \dfrac{4Mm}{M+m}g$$

(3) 2つの物体はそれぞれ $\dfrac{h}{2}$ だけ動くので

$$\dfrac{h}{2} = \dfrac{1}{2}at^2 \quad \therefore \quad t = \sqrt{\dfrac{h}{a}} = \sqrt{\dfrac{(M+m)h}{(M-m)g}}$$

例題 15

質量 $2m$ の小球 A と質量 m の小球 B を糸でつなぎ，A に鉛直上向きの一定の力 f を加えて上方に引き上げた。重力加速度の大きさを g とする。

(1)　糸の張力と A，B の加速度の大きさを求めよ。

(2)　f をいくらにすると A，B を等速度で動かすことができるか。また，そのときの糸の張力の大きさはいくらか。

解

(1)　糸の張力の大きさを T，小球 A および B の加速度の大きさを a とする。

A の運動方程式は

$$2ma = f - T - 2mg$$

B の運動方程式は

$$ma = T - mg$$

この 2 式を解いて，

$$T = \frac{f}{3} \qquad a = \frac{f}{3m} - g$$

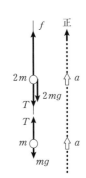

(2)　A，B にはたらく力がつり合っているとき，A，B は等速度運動をする。A および B の力のつり合い式より

$$f = T + 2mg \qquad T = \underline{mg}$$

$$\therefore \quad f = \underline{3mg}$$

また，この結果は(1)の答に $a = 0$ を代入して求めることもできる。

　　等速度運動……力のつり合い

例題 16

水平と $30°$ の角をなす粗い斜面上に質量 m の物体 A をのせ，これに糸をつないで滑車をへて同じ質量の物体 B をつるす。手を放すと A は斜面に沿ってすべり上がった。動摩擦係数を 0.5，重力加速度の大きさを g とする。

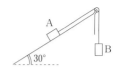

(1) 糸の張力と A，B の加速度の大きさを求めよ。

(2) 滑車が糸から受ける合力の大きさはいくらか。

解

(1) 糸の張力の大きさを T，A，B の加速度の大きさを a とする。また，A が斜面から受ける垂直抗力の大きさを N とする。

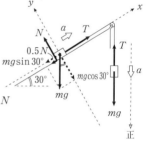

B；運動方程式

$$ma = mg - T$$

A：x 方向…運動方程式

$$ma = T - mg\sin 30° - 0.5\,N$$

y 方向…力のつり合い式

$$N = mg\cos 30°$$

この 3 式を解いて

$$T = \frac{6+\sqrt{3}}{8}mg$$

$$a = \frac{2-\sqrt{3}}{8}g$$

(2) 滑車が糸から受ける合力の大きさ S は

$$S = T\cos 30° \times 2 = \sqrt{3}\,T$$

$$= \frac{6\sqrt{3}+3}{8}mg$$

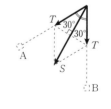

例題 17

なめらかな水平面上に3kgの物体 A と2kgの物体 B が重ねて置いてある。ただし, A, B 間は粗く, 重力加速度の大きさを $9.8\,\mathrm{m/s^2}$ とする。

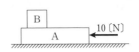

A を 10 N の力で押し続けたら, B は A 上ですべらずに一体となって水平面上を運動した。

(1) B が A から受ける静止摩擦力の大きさを F [N], A および B の加速度の大きさを a [m/s²] とし, A および B の運動方程式をつくれ。

(2) F と a を求めよ。

(3) A が床から受ける抗力 N [N] と B が A から受ける垂直抗力 N' [N] を求めよ。

解

点線は B が受ける力, 実線は A が受ける力である。

(1) B の運動方程式は

$$\underline{2a = F} \quad \cdots\cdots ①$$

A の運動方程式は

$$\underline{3a = 10 - F} \quad \cdots ②$$

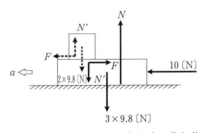

(参考) 式① + ②より $(2+3)a = 10$ となり, これは, A と B を一体と考えた運動方程式になっている。

(2) 式①, ②を解いて $a = \underline{2}$ [m/s²] $F = \underline{4}$ [N]

(3) B について, 鉛直方向の力のつり合い式は

$$N' = 2 \times 9.8$$

A について, 鉛直方向の力のつり合い式は

$$N = N' + 3 \times 9.8$$

$$\therefore \quad N' = \underline{19.6} \text{ [N]} \qquad N = \underline{49} \text{ [N]}$$

3 力学的エネルギー

17. 仕事・仕事率 なめらかな水平面に物体をおき，水平から60°上方に8Nの力を10秒間加え続けたら，物体は水平方向に20m動いた。この力のした仕事 W は ア Jで，仕事率 P は イ Wである。

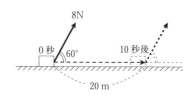

基

・・・

18. 仕事率と速さの関係 質量10 kgの物体に鉛直上方に力 F 〔N〕を加え一定の速さ0.5 m/sで引き上げた。この力のする仕事率 P は何Wか。重力加速度の大きさを9.8 m/s² とする。

・・・

19. 重力による位置エネルギー 地上4mのところに質量0.5 kgの物体がある。この物体の位置エネルギーは地面を基準にとると $U_1 =$ ア Jで，高さ12mのビルの屋上を基準にとると $U_2 =$ イ Jである。重力加速度の大きさを9.8 m/s² とする。

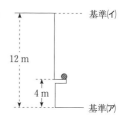

解答▼解説

17. 右図において，

$$
\begin{cases}
0 \leqq \theta < \dfrac{\pi}{2} \text{ のとき } W > 0 \\[2mm]
\theta = \dfrac{\pi}{2} \text{ のとき } W = 0 \\[2mm]
\dfrac{\pi}{2} < \theta \leqq \pi \text{ のとき } W < 0
\end{cases}
$$

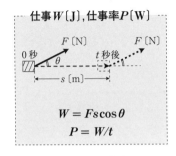

仕事 W〔J〕,仕事率 P〔W〕

$W = Fs\cos\theta$
$P = W/t$

(ア) $W = 8 \times 20 \times \cos 60°$
     $= \underline{80}$〔J〕

(イ) 単位時間あたりにする仕事を仕事率といい，単位は〔W〕ワットである。
     〔W〕=〔J/s〕
     $P = 80/10 = \underline{8}$〔W〕

●●●

18. 右図で物体が $\varDelta t$ 秒間に $\varDelta s$〔m〕動いたとする。仕事は $W = F \times \varDelta s$ である。

$$P = \frac{W}{t} = \frac{F \times \varDelta s}{\varDelta t}$$

$$= Fv$$

外力 F は力のつり合い式 $F = mg$ より

$F = 10 \times 9.8 = 98$〔N〕

∴ $P = 98 \times 0.5 = \underline{49}$〔W〕

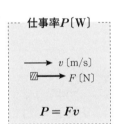

仕事率 P〔W〕

v〔m/s〕
F〔N〕

$P = Fv$

●●●

19. (ア) 基準面より上に物体がある場合は $U > 0$ である。

$U_1 = 0.5 \times 9.8 \times 4$
     $= \underline{19.6}$〔J〕

(イ) 基準面より下に物体がある場合は $U < 0$ である。

$U_2 = -0.5 \times 9.8 \times (12 - 4)$
     $= \underline{-39.2}$〔J〕

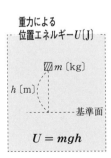

重力による
位置エネルギー U〔J〕

m〔kg〕
h〔m〕
基準面

$U = mgh$

基

20. **弾性力による位置エネルギー (弾性エネルギー)** 自然長 0.5 m,
ばね定数 2 N/m のばねに外力を加え 0.6 m になるまで引き伸ばした。
このとき，ばねのもつ弾性エネルギー U はいくらか。

●●

21. **仕事と運動エネルギー** なめらかな水平面上を 4 m/s の速さで
すべっている質量 2 kg の物体がある。図の向きに 0.9 N の力を 10 m
すべる間加え続けると物体の速さは $v = \boxed{}$ m/s になる。

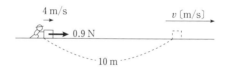

●●

22. **力学的エネルギー保存則** 2 kg の物体がなめらかな曲面を点 A
から点 B まですべり降りた。点 A における速さを 0 とすると，点 B
における速さは $v = \boxed{}$ m/s になる。点 A の高さは 2.5 m，重力
加速度の大きさを 9.8 m/s² とする。

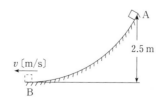

20.

$$U = \frac{1}{2} \times 2 \times (0.6 - 0.5)^2$$
$$= \underline{0.01} \text{ (J)}$$

> **弾性エネルギー U〔J〕**
>
> $$U = \frac{1}{2}kx^2 \quad \begin{array}{l} k \text{；ばね定数〔N/m〕} \\ x \text{；ばねの自然長からの} \\ \quad \text{伸び（縮み）} \end{array}$$
> （注 x はばねの長さではない）

- -

21.

0.9〔N〕の力のする仕事（物体になされた仕事）W〔J〕は

$$W = 0.9 \times 10 = 9 \text{ (J)}$$

よって，

$$9 = \frac{1}{2} \times 2 \times v^2 - \frac{1}{2} \times 2 \times 4^2$$

$$\therefore \quad v = \underline{5} \text{ (m/s)}$$

> **仕事と運動エネルギー**
> **（物体になされた仕事）**
> **＝（物体の運動エネルギーの変化）**
>
> $$W = \frac{1}{2}mv^2 - \frac{1}{2}mv_0^2$$
>
> v_0 〔m/s〕 $\qquad$ v 〔m/s〕
> $\longrightarrow$ $\qquad$ $\longrightarrow$
> m 〔kg〕□ - - - - - → ⌐ ⌐ ⌐⌐
> （この間，W〔J〕の仕事がなされている）

- -

22.

点 B の高さを mgh の基準にとる。

$$\frac{1}{2} \times 2 \times 0^2 + 2 \times 9.8 \times 2.5$$
（点 A における力学的エネルギー）

$$= \frac{1}{2} \times 2 \times v^2 + 2 \times 9.8 \times 0$$
（点 B における力学的エネルギー）

$$\therefore \quad v = \underline{7} \text{ (m/s)}$$

> **力学的エネルギー保存則**
> **重力による運動**
>
> $$\frac{1}{2}mv^2 + mgh = \text{一定}$$

基

長さ 1 m の糸に 0.5 kg のお
もりをつけ，点 A から静かに
放した。重力加速度の大きさを
9.8 m/s² とする。

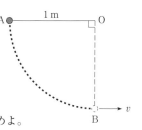

(1) おもりが最下点 B に達す
るまでの間に重力のした仕事
W_1 と，糸の張力のした仕事 W_2 を求めよ。

(2) 点 B における，おもりの速さ v を求めよ。

解

(1) おもりにはたらく重力は

$$0.5 \times 9.8 = 4.9 \,(\text{N})$$

重力の向き（鉛直下方）に動く距離は
1 m なので

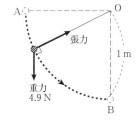

$$W_1 = 4.9 \times 1$$
$$= \underline{4.9} \,(\text{J})$$

> **ココが ポイント**
>
> 重力のする仕事 W 〔J〕は
> $W = $〔重力〕×〔重力の向きに動いた距離〕

点 A から点 B まで動く間，張力の向きとおもりの動く向き（速度の向き）
は絶えず直角なので，$\cos 90° = 0$ より

$$W_2 = \underline{0} \,(\text{J})$$

(2) 仕事と運動エネルギーの関係 $\left(W_1 + W_2 = \dfrac{1}{2}mv^2\right)$ より

$$4.9 + 0 = \frac{1}{2} \times 0.5 \times v^2 \qquad \therefore \quad v \fallingdotseq \underline{4.4} \,(\text{m/s})$$

[別解] 重力だけが仕事をしているので，位置エネルギーの基準を点 B の
高さにとり，力学的エネルギー保存則が適用できる。

$$\frac{1}{2} \times 0.5 \times 0^2 + 0.5 \times 9.8 \times 1 = \frac{1}{2} \times 0.5 \times v^2 + 0.5 \times 9.8 \times 0$$

（点 A における力学的エネルギー）　（点 B における力学的エネルギー）

$$\therefore \quad v \fallingdotseq \underline{4.4} \,(\text{m/s})$$

例題 **19**

なめらかな水平面上に一端が固定されたばね定数 $2\,\mathrm{N/m}$ の軽いばねがある。これに

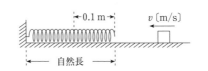

質量 $0.08\,\mathrm{kg}$ の物体が衝突したところ，物体はばねを押し縮めながら進み，ばねは最大 $0.1\,\mathrm{m}$ 縮んだ。

(1)　ばねの縮みが最大 $(0.1\,\mathrm{m})$ のときの弾性力の大きさ F_0 はいくらか。

(2)　ばねが $0.1\,\mathrm{m}$ 縮む間に，物体がばねに対してする仕事 W はいくらか。

(3)　衝突前の物体の速さ v を求めよ。

解

(1)　$F_0 = 2 \times 0.1 = \underline{0.2\ \text{(N)}}$

(2)　ばねになされた仕事は，ばねの弾性エネルギーの増加に等しい。

$$W = \frac{1}{2} \times 2 \times 0.1^2 - \frac{1}{2} \times 2 \times 0^2$$
$$= \underline{0.01\ \text{(J)}}$$

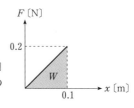

(参考)　弾性力 $F\,\text{(N)}$ はばねの縮みを $x\,\text{(m)}$ とすると　$F = 2x$（右図）と表される。このグラフの面積が W に等しい。

(3)

力学的エネルギー保存則
弾性力による運動
$\dfrac{1}{2}mv^2 + \dfrac{1}{2}kx^2 = $ 一定

$$\underset{\text{(衝突前の力学的エネルギー)}}{\frac{1}{2} \times 0.08 \times v^2 + 0} \quad = \quad \underset{\text{(衝突後の力学的エネルギー)}}{0 + \frac{1}{2} \times 2 \times 0.1^2}$$

$$\therefore \quad v = \underline{0.5\ \text{(m/s)}}$$

粗い水平面上に質量 20 kg の物体を置き，水平方向に f〔N〕の力を加えて 5 m/s の一定の速さで一直線上を 10 m 移動させた。動摩擦係数を 0.1，重力加速度の大きさを 9.8 m/s² とする。

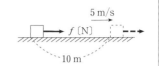

(1) f の大きさはいくらか。また，この力の仕事率は何 W か。
(2) 物体にはたらく動摩擦力のした仕事は何 J か。

解

(1) 等速直線運動をしているので，力はつり合っている。

水平方向の力のつり合い式より
$$f = 0.1\,N$$
鉛直方向の力のつり合い式より
$$N = 20 \times 9.8$$
これら 2 式より　$f = \underline{19.6\,\text{〔N〕}}$

仕事率 P〔W〕は公式 $P = fv$ より
$$P = 19.6 \times 5 = \underline{98\,\text{〔W〕}}$$

別解　f〔N〕のする仕事 W'〔J〕は
$$W' = 19.6 \times 10 \times \cos 0° = 196\,\text{〔J〕}$$

また，物体が 10 m 移動する時間 t〔s〕は $t = \dfrac{10}{5}$〔s〕なので

$$P = \frac{W'}{t} = \frac{196 \times 5}{10} = \underline{98\,\text{〔W〕}}$$

(2) 動摩擦力のした仕事 W〔J〕は，動摩擦力の向きと物体の移動方向が逆なので
$$W = 0.1\,N \times 10 \times \cos 180°$$
$$= -0.1 \times 20 \times 9.8 \times 10 = \underline{-196\,\text{〔J〕}}$$

(注)　このように，物理における仕事とは力がするのであり，日常会話でいう仕事（この場合，普通人間がする）とは違うことに注意。

例題 21

　高さ h の点 A から質量 m の小物体を静かに放したところ物体は点 B より l だけ離れた点 C まですべって止まった。AB 間はなめらかだが BC 間は粗い。重力加速度の大きさを g とする。

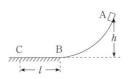

(1) 点 B における小物体の速さ v はいくらか。
(2) BC 間の動摩擦係数 μ' はいくらか。

解

(1) AB 間はなめらかなので力学的エネルギーは保存される。重力による位置エネルギー U の基準を点 B の高さにとると

$$0 + mgh = \frac{1}{2}mv^2 + 0$$

$$\therefore \quad v = \underline{\sqrt{2gh}}$$

(2) 動摩擦力は $\mu'mg$ である。mg と N は仕事をしないので
(動摩擦力のする仕事)＝(運動エネルギーの変化)　より

$$-\mu'mgl = 0 - \frac{1}{2}mv^2$$

$$\therefore \quad \mu' = \frac{v^2}{2gl} = \underline{\frac{h}{l}}$$

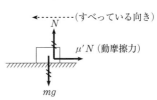

別解　物体の加速度を左向きに a とおく。運動方程式は

$$ma = -\mu'mg \qquad \therefore \quad a = -\mu'g$$

等加速度運動の式 $0^2 - v^2 = 2al$ に代入して

$$\mu' = \frac{v^2}{2gl} = \frac{(\sqrt{2gh})^2}{2gl} = \underline{\frac{h}{l}}$$

長さ l の糸の一端を点 O に固定し，他端に質量 m の小球をつける。点 O の鉛直下方 $\dfrac{2l}{3}$ の点 O′ にはくぎが打ちつけてある。小球を点 A から静かに放す。重力加速度の大きさを g とする。

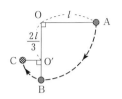

(1)　最下点 B における小球の速さ v_B を求めよ。

(2)　点 O′ のくぎに引っかかった後，小球は点 C に達する。このときの小球の速さ v_C はいくらか。

(3)　点 C に達したとき糸が切れた。小球が達する最高点の，点 B からの高さ h はいくらか。

解

円運動では，張力は仕事をしないので，小球の力学的エネルギーは保存される。

重力による位置エネルギー U の基準を点 B の高さにとり，力学的エネルギー保存則を適用する。

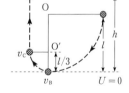

(1)　点 A と点 B について

$$0 + mgl = \frac{1}{2}mv_B{}^2 + 0$$

$$\therefore \quad v_B = \underline{\sqrt{2gl}}$$

(2)　点 A と点 C について

$$0 + mgl = \frac{1}{2}mv_C{}^2 + mg \times \frac{l}{3}$$

$$\therefore \quad v_C = \underline{\frac{2}{3}\sqrt{3gl}}$$

(3)　小球の運動は鉛直投げ上げになり，最高点では一瞬速度が 0 になる。点 C と最高点について

$$\frac{1}{2}mv_C{}^2 + mg \times \frac{l}{3} = mgh$$

問(2)の式を用いると

$$0 + mgl = mgh \qquad \therefore \quad h = \underline{l}$$

例題 **23**

　質量 M の板をつけたばね定数 k の軽いばねがある。この板に質量 m の小球を押しつけ，ばねを l だけ縮めた後，手を放した。重力  加速度の大きさを g とする。ただし，面はなめらかで，ばねが自然長に戻ったとき，小球は板から離れる。

(1)　ばねが自然長に戻ったときの小球の速さ v を求めよ。

(2)　小球と離れた後，ばねの伸びの最大値 x はいくらか。

(3)　小球が高さ h の台上にすべり上がるための l の条件を求めよ。

解　面はなめらかであり，仕事をする力が重力と弾性力だけなので力学的エネルギーは保存される。

(1)　v は (板と小球) の速さなので

$$\frac{1}{2}kl^2 = \frac{1}{2}(m+M)v^2 \quad \text{より} \quad \underline{v = l\sqrt{\frac{k}{m+M}}}$$

(2)　ばねの長さが最大のとき，板の速さは一瞬 0 になる。

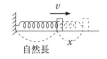
自然長

$$\frac{1}{2}Mv^2 = \frac{1}{2}kx^2$$

$$\therefore \quad \underline{x = v\sqrt{\frac{M}{k}} = l\sqrt{\frac{M}{m+M}}}$$

(3)　右図において

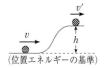
(位置エネルギーの基準)

$$\frac{1}{2}mv^2 = \frac{1}{2}mv'^2 + mgh$$

ここで $\frac{1}{2}mv'^2 \geqq 0$ なので

$\frac{1}{2}mv^2 - mgh \geqq 0$ となり，問(1)の結果を代入して

$$\frac{1}{2}m\left(l\sqrt{\frac{k}{m+M}}\right)^2 - mgh \geqq 0$$

$$\therefore \quad \underline{l \geqq \sqrt{\frac{2(m+M)gh}{k}}}$$

ばね定数 k の軽いば
ねの一端を，傾斜角 $30°$
のなめらかな斜面上に固
定する。ばねの他端に質
量 m の小物体を押しつ
け，l_0 だけ縮めた O 点で
放した。小物体はばねが

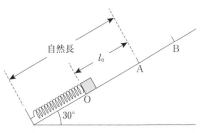

自然長に戻った A 点で離れ，B 点まで上がっていった。重力加速
度の大きさを g とする。

(1) A 点での速さ v_0 を求めよ。
(2) AB 間の距離 l_1 を求めよ。

解

いずれも力学的エネルギーは保存される。

(1) 点 O と点 A について力学的エネルギー保存則より

$$\frac{1}{2}kl_0^2 = \frac{1}{2}mv_0^2 + mgl_0 \sin 30°$$

$$\therefore \quad v_0 = \sqrt{\frac{kl_0^2}{m} - gl_0}$$

(2) 点 A と点 B について力学的エネルギー保存則より

$$\frac{1}{2}mv_0^2 = mgl_1 \sin 30°$$

$$\therefore \quad l_1 = \frac{v_0^2}{g} = \frac{kl_0^2}{mg} - l_0$$

力学的エネルギー保存則

重力と弾性力による運動

$$\frac{1}{2}mv^2 + mgh + \frac{1}{2}kx^2 = 一定$$

例題 25

質量 m〔kg〕の物体が初速 v〔m/s〕で，動摩擦係数 μ の水平面上をすべって止まった。この間に発生した摩擦熱は何〔J〕か。また，すべった距離 l は何〔m〕か。重力加速度の大きさを g〔m/s²〕とする。

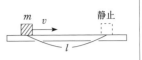

解

エネルギー保存則より，運動エネルギーが熱エネルギーに変わったのだから，摩擦熱は $\dfrac{1}{2}mv^2$〔J〕

摩擦熱は，**(摩擦熱)＝(動摩擦力)×(距離)** として求められる。この場合の動摩擦力は μmg となっているから

$$\frac{1}{2}mv^2 = \mu mg \times l \qquad \therefore \ l = \frac{v^2}{2\mu g} \ \text{〔m〕}$$

なお，加速度を a として運動方程式を用いることもできる。

$$ma = -\mu mg \quad \text{より} \qquad a = -\mu g$$

$$0^2 - v^2 = 2(-\mu g)l \qquad \therefore \ l = \frac{v^2}{2\mu g} \ \text{〔m〕}$$

4 剛体のつり合い

23.　力のモーメント　点 O を支点とする長さ 1.5 m の棒に，4 N と 12 N の力がはたらいている。反時計回りを正とすると，4 N の力による点 O のまわりのモーメントは ［ ア ］ N・m で，12 N の力による点 O の回りのモーメントは ［ イ ］ N・m である。

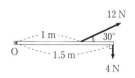

24.　偶力のモーメント　剛体上の点 P と点 Q に，平行で同じ大きさの逆向きの力（偶力）がはたらいている。反時計回りを正とすると，点 P と点 Q にはたらく力による点 O のまわりのモーメントはそれぞれ $M_P =$ ［ ア ］ N・m，$M_Q =$ ［ イ ］ N・m となり，その和は $M_P + M_Q =$ ［ ウ ］ N・m となる。

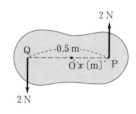

25.　重心　重力加速度の大きさを 9.8 m/s² とする。長さ 3 m の軽い棒の両端に 3 kg と 6 kg の小物体をつける。重心 G の座標は $X =$ ［ ア ］ m であり，G のまわりのモーメントの和は ［ イ ］ N・m になる。

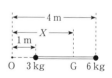

解答▼解説

23. (ア) うでの長さは 1.5〔m〕なので

$M_1 = -4 \times 1.5 = \underline{-6}$〔N·m〕

(イ) うでの長さは $1 \times \sin 30° = 0.5$〔m〕なので

$M_2 = 12 \times 0.5 = \underline{6}$〔N·m〕

(注) このように，正負の符号をつけるときは反時計回りを正とする。

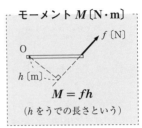

モーメント M〔N·m〕

$M = fh$

（h をうでの長さという）

• •

24. (ア) うでの長さは x〔m〕なので

$M_P = \underline{2x}$〔N·m〕

(イ) うでの長さは $0.5 - x$〔m〕なので

$M_Q = \underline{2(0.5 - x)}$〔N·m〕

(ウ) $M_P + M_Q = 2x + 2(0.5 - x)$

$= 2 \times 0.5 = \underline{1}$〔N·m〕

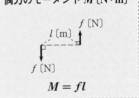

偶力のモーメント M〔N·m〕

$M = fl$

この $M_P + M_Q$ を偶力のモーメントとよび，その大きさは点 O の位置に関係なく 2 N と 0.5 m の積として求まる。

• •

25.

重心 G の座標 X

質量 m_1，m_2 の 2 つの物体の重心の座標 X は

$$X = \frac{m_1 x_1 + m_2 x_2}{m_1 + m_2}$$

（G のまわりのモーメントの和は 0）

(ア) $X = \dfrac{3 \times 1 + 6 \times 4}{3 + 6} = \underline{3}$〔m〕

(イ) 反時計回りのモーメントは $3 \times 9.8 \times (X-1) = 58.8$〔N·m〕

時計回りのモーメントは $-6 \times 9.8 \times (4-X) = -58.8$〔N·m〕

よって，G のまわりのモーメントの和は $58.8 - 58.8 = \underline{0}$〔N·m〕

　長さ 1.6 m，重さ 1 N の一様な棒を，2 つの支点 A，B によって水平に支え，重さ 4 N の小物体 P を図の位置にのせた。

(1)　支点 A および B が棒に加える抗力の大きさ N_A〔N〕，N_B〔N〕を求めよ。

(2)　P を，支点 A より左に x〔m〕以上の位置に，移動させると，棒はひっくり返る。x を求めよ。

解

(1)　鉛直方向の力のつり合いの式は

$$N_A + N_B = 1 + 4 \qquad \cdots\cdots①$$

点 A のまわりのモーメントを考える。

$$\underbrace{N_B \times 1.2 - 1 \times 0.4 - 4 \times 0.8 = 0}_{\text{点 A のまわりのモーメントの和}} \quad \cdots②$$

式①，②より

$$N_A = \underline{2}\,〔N〕, \quad N_B = \underline{3}\,〔N〕$$

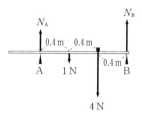

別解　点 B のまわりのモーメントを考えてもよい。

$$\underbrace{1 \times 0.8 + 4 \times 0.4 - N_A \times 1.2 = 0}_{\text{点 B のまわりのモーメントの和}}$$

$$\therefore \quad N_A = \underline{2}\,〔N〕$$

(2)　限界の位置では支点 B が棒に加える抗力は 0 になる。点 A のまわりのモーメントを考える。

$$\underbrace{4 \times x - 1 \times 0.4}_{\text{点 A のまわりのモーメントの和}} = 0$$

$$\therefore \quad x = \underline{0.1}\,〔m〕$$

なお，支点 A が棒に加える抗力の大きさ N_A' は

$$N_A' = 4 + 1 = 5\,〔N〕\text{である。}$$

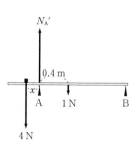

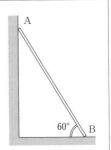

例題 27

　静止摩擦係数 μ の粗い床と，なめらかな鉛直の壁がある。質量 m〔kg〕で長さ $2l$〔m〕の一様な棒 AB を，床と 60° の角度で立てかけて静止させた。重力加速度の大きさを g〔m/s²〕とする。

(1)　点 A で棒に及ぼされる垂直抗力を R〔N〕，点 B で棒に及ぼされる垂直抗力を N〔N〕，静止摩擦力を f〔N〕とおく。水平及び鉛直方向の力のつり合い式を書け。

(2)　点 B のまわりに，回転をしないために必要な条件式を書け。

(3)　棒が静止するために必要な μ の条件を求めよ。

解

(1)　棒の中点が重心である。
　　水平方向の力のつり合い式は

$$R = f \qquad \cdots\cdots ①$$

　　鉛直方向の力のつり合い式は

$$N = mg \qquad \cdots\cdots ②$$

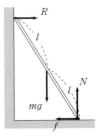

(2)　点 B のまわりのモーメントを考える際には，点 B にはたらく力は考えなくてもよい。

$$\underbrace{mg \times \frac{l}{2} - R \times \sqrt{3}\,l}_{\text{点 B のまわりのモーメントの和}} = 0 \qquad \cdots\cdots ③$$

(3)　式①，③より　$f = \dfrac{mg}{2\sqrt{3}}$ $\qquad \cdots\cdots ④$

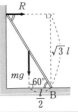

　　$f \leqq \mu N$（P21 の 10 参照）に式②と④を代入して

$$\frac{mg}{2\sqrt{3}} \leqq \mu mg \qquad \therefore\ \mu \geqq \frac{\sqrt{3}}{6}$$

剛体のつり合いは 3 つの連立方程式

並進しない条件 ⇒ { 水平方向の力のつり合い
　　　　　　　　　　鉛直方向の力のつり合い

回転しない条件 ⇒ 任意の点のまわりで
　　　　　　　　　（モーメントの和）＝ 0

図(ア), (イ)のような，均質で一様な厚さの板がある。重心 G は点 A と点 B を結ぶ線分上にある。重心 G の点 A からの距離を求めよ。

図(ア) 正方形と三角形を　　　　図(イ) 円板に円形の穴をあけた形
　　　つなぎ合わせた形　　　　　　　　（O，O′ は円の中心）

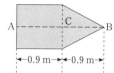

解

図(ア)　正方形および三角形の重心は，点 A からそれぞれ 0.45m，1.2m の位置にある。正方形の重さを W〔N〕とすると，三角形の重さは $\dfrac{W}{2}$〔N〕になるので，全体の重さは $\dfrac{3}{2}W$〔N〕になる。

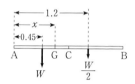

点 A まわりの時計回りのモーメントを考える。

$$\dfrac{3}{2}W \times x = W \times 0.45 + \dfrac{W}{2} \times 1.2 \qquad \therefore \quad x = \underline{0.7}\,〔\text{m}〕$$

点 G に $\dfrac{3}{2}W$ がある　　　W によるモーメントと
と考えたモーメント　　　$\dfrac{W}{2}$ によるモーメントの和

別解　点 G のまわりのモーメントを考える。

$$W \times (x - 0.45) - \dfrac{W}{2} \times (1.2 - x) = 0 \qquad \therefore \quad x = \underline{0.7}\,〔\text{m}〕$$

点 G のまわりのモーメントの和

（参考）　三角形の重心 G_0 は，頂点と底辺の中点を結ぶ線分上で，底辺から $\dfrac{1}{3}$ の位置にある。

この問題の場合は，線分 BC 上で C から $\dfrac{0.9}{3} = 0.3$〔m〕の位置に，三角形部分の重心がある。

図(イ)　穴のない半径 0.6m の円板の重さを W 〔N〕とすると，半径 0.3m の円板の重さは，面積比より $\dfrac{W}{4}$ 〔N〕になる。したがって，穴がある場合の円板の重さは $\dfrac{3}{4}W$ 〔N〕になる。

よって，穴がある場合には，W のほかに鉛直上向きに $\dfrac{W}{4}$ の力が加わると考えればよい。

点 A まわりの時計回りのモーメントを考える。

$$\underset{\substack{\text{点 G に } \frac{3}{4}W \text{ がある} \\ \text{と考えたモーメント}}}{\underline{\dfrac{3}{4}W \times x}} = \underset{\substack{W \text{ によるモーメントと} \\ \frac{W}{4} \text{ によるモーメントの和}}}{\underline{W \times 0.6 - \dfrac{W}{4} \times 0.3}} \qquad \therefore \quad x = \underline{0.7}\ \text{〔m〕}$$

別解　点 G のまわりのモーメントを考える。

$$\underset{\text{点 G のまわりのモーメントの和}}{\underline{W \times (x-0.6) - \dfrac{W}{4} \times (x-0.3) = 0}} \qquad \therefore \quad x = \underline{0.7}\ \text{〔m〕}$$

5 運 動 量

26. 運動量 質量 5 kg の物体が，なめらかな水平面上を 2 m/s の一定の速さで右向きにすべっている。この物体の運動量は ア 向きに イ kg·m/s である。

• •

27. 力積 水平面上においてある台車に，右向きに 20 N の力を 3 秒間加え続けた。台車に与えられた力積は ア 向きに イ N·s である。

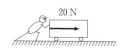

• •

28. 力積と運動量の関係 なめらかな氷面上を 10 m/s の速さで左向きにすべってきた質量 0.2 kg の物体をスティックで打ち返したら，物体は逆向き（右向き）に 20 m/s ですべっていった。物体が受けた力積は ア 向きに イ N·s で，物体とスティックの接触時間を 0.02 秒とすると，物体が受けた平均の力は $F =$ ウ N である。

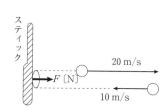

解答▼解説

26. 運動量はベクトル量 (向きをもつ
物理量) で, その向きは速度の向きと
同じになる。

(ア) 右向き

(イ) $5 \times 2 = \underline{10}$ 〔kg・m/s〕

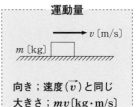

運動量

m〔kg〕 $\longrightarrow v$〔m/s〕

向き；速度($\vec{v}$)と同じ
大きさ；mv〔kg・m/s〕

・・・

27. 力積はベクトル量で, その向きは
力の向きと同じになる。

(ア) 右向き

(イ) $20 \times 3 = \underline{60}$ 〔N・s〕

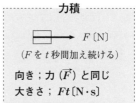

力積

$\longrightarrow F$〔N〕

(F を t 秒間加え続ける)

向き；力 ($\vec{F}$) と同じ
大きさ；Ft〔N・s〕

・・・

28.

力積と運動量の関係

(物体が受けた力積) = (物体の運動量の変化)
$$\vec{F} \varDelta t = m\vec{v} - m\vec{v_0}$$

v_0〔m/s〕 $\qquad\qquad\qquad\qquad\qquad\qquad v$〔m/s〕

$\longrightarrow F$〔N〕 $\qquad\qquad\qquad\qquad\qquad\qquad \longrightarrow F$〔N〕

0〔秒〕 $\qquad\qquad\qquad\qquad\qquad\qquad\qquad \varDelta t$〔秒〕

(F〔N〕の力を $\varDelta t$ 秒間加え続ける)

物体は 0.02 秒間力を加えられる。右向きをベクトル (矢印) の正方向
にとり公式を適用すると

$$F \times 0.02 = 0.2 \times (+20) - 0.2 \times (-10)$$
$$= 6 \text{〔N・s〕}$$
$$\therefore \quad F = 300 \text{〔N〕}$$

(ア) 右　(イ) 6　(ウ) 300

29. 運動量保存則 質量がそれぞれ 1 kg の小球 A, B が A は右向きに 4 m/s, B は左向きに 2 m/s で進んできて正面衝突し一体となった。一体となった後の速度 v はいくらか。

4 m/s   2 m/s v

Ⓐ ⟶ ⟵ Ⓑ   ⒶⒷ ⟶

（衝突前）   （衝突後）

• •

30. 反発係数（2球の衝突） 一直線上で, 右向きに 2 m/s で進んできた小球 A と, 左向きに 6 m/s で進んできた小球 B が衝突し, 衝突後 A は左向きに 3 m/s, B は右向きに 1 m/s の速さで進んだ。2 球の間の反発係数は $e = \boxed{}$ である。

2 m/s   6 m/s   3 m/s   1 m/s

Ⓐ ⟶ ⟵⟵⟵ Ⓑ   ⟵ Ⓐ Ⓑ ⟶

（衝突前）   （衝突後）

• •

31. 反発係数（小球と面との衝突）

小球を高さ 10m のところから床に落としたら, 衝突後 4.9m まではね上がった。床と衝突する直前の小球の速さは $v_1 = \boxed{}$ m/s, 直後の速さは $v_2 = \boxed{}$ m/s なので, 小球と床との間の反発係数は $e = \boxed{}$ となる。重力加速度の大きさを 9.8 m/s^2 とする。

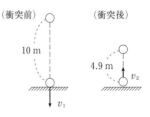

29. 物体系の外部から力がはたらかない (例えば, 衝突, 分裂など) 場合, その物体系の運動量は一定に保たれる。

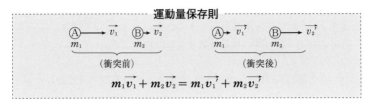

運動量保存則

(衝突前) (衝突後)

$$m_1\vec{v_1} + m_2\vec{v_2} = m_1\vec{v_1'} + m_2\vec{v_2'}$$

右向きを正として公式を適用する。

$$1 \times (+4) + 1 \times (-2) = (1+1) \times v \qquad \therefore \quad v = \underline{1} \,[\mathrm{m/s}]$$

● ●

30.

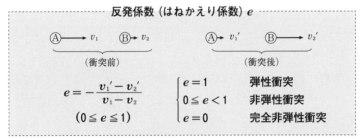

反発係数 (はねかえり係数) e

(衝突前) (衝突後)

$$e = -\frac{\vec{v_1'} - \vec{v_2'}}{\vec{v_1} - \vec{v_2}}$$

$$(0 \leqq e \leqq 1)$$

$$\begin{cases} e = 1 & \text{弾性衝突} \\ 0 \leqq e < 1 & \text{非弾性衝突} \\ e = 0 & \text{完全非弾性衝突} \end{cases}$$

右向きを正として公式を適用する。

$$e = -\frac{(-3) - (+1)}{(+2) - (-6)} = \underline{0.5}$$

● ●

31. 等加速度直線運動の公式より

$$v_1{}^2 - 0^2 = 2 \times 9.8 \times 10$$

$$\therefore \quad v_1 = \underline{14} \,[\mathrm{m/s}]$$

$$0^2 - v_2{}^2 = -2 \times 9.8 \times 4.9$$

$$\therefore \quad v_2 = \underline{9.8} \,[\mathrm{m/s}]$$

よって, 反発係数 e は

$$e = \frac{v_2}{v_1} = \frac{9.8}{14} = \underline{0.7}$$

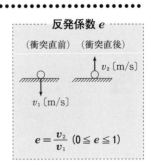

反発係数 e

(衝突直前) (衝突直後)

$v_2\,[\mathrm{m/s}]$

$v_1\,[\mathrm{m/s}]$

$$e = \frac{v_2}{v_1} \quad (0 \leqq e \leqq 1)$$

　質量がそれぞれ m〔kg〕と $2m$〔kg〕
の小球 A, B が, なめらかな水平面上を
速さ 20 m/s で逆向きに進んできて正面
衝突した。2 球の間の反発係数を 0.5 とする。

(A) →20 m/s 　　←20 m/s (B)

(1)　衝突後の A, B の速度 v_1, v_2 はいくらか。右向きを正として答
　えよ。

(2)　衝突によって物体系から失われた運動エネルギー ΔE はいくら
　か。

解

(1)　運動量保存則より

$$m \times 20 + 2m \times (-20)$$
$$= mv_1 + 2mv_2 \quad \cdots\cdots ①$$

（衝突前）

(A) →20 m/s 　　←20 m/s (B)
m 　　　　　　　　$2m$

反発係数の式より

$$0.5 = -\frac{v_1 - v_2}{20 - (-20)} \quad \cdots\cdots ②$$

（衝突後）

(A) →v_1〔m/s〕　　→v_2〔m/s〕 (B)
m 　　　　　　　　$2m$

式①, ②より

$$v_1 = \underline{-20}\,〔\text{m/s}〕 \quad v_2 = \underline{0}\,〔\text{m/s}〕$$

　$v_1 < 0$ なので, 衝突後小球 A は左向きに 20 m/s の速さで進むことが分
かる。

(2)　$\Delta E = \left\{ \dfrac{1}{2} \times m \times 20^2 + \dfrac{1}{2} \times 2m \times (-20)^2 \right\} - \left\{ \dfrac{1}{2} \times m \times (-20)^2 + 0 \right\}$

　　　$= \underline{400\,m}\,〔\text{J}〕$

　このように, 弾性衝突（$e = 1$）でない限り, 衝突をすると物体系の運動
エネルギーは失われる。

**ココが
ポイント**

　2 つの物体が一直線上で衝突するとき, 次の連立方程式
が成り立つ。

　　　　運動量保存則
　　　　反発係数の式

例題 **30**

なめらかな水平面上を y 軸の正の向きに速さ v〔m/s〕で進む $2m$〔kg〕の小球 A と，x 軸と $30°$ をなす向きに速さ $2v$〔m/s〕で進む m〔kg〕の小球 B が，原点 O で衝突し，衝突後両球は一体となって進んだ。

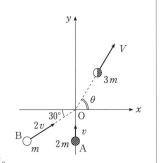

(1) x 軸方向の運動量保存の式を書け。

(2) y 軸方向の運動量保存の式を書け。

(3) 衝突後の速さ V，および x 軸となす角 θ はいくらか。

解

　　運動量保存則はベクトルの関係式であるから，速度を x 成分，y 成分に分解し，それぞれの方向について運動量保存則を適用する。

(1) x 方向について

$$2m \times 0 + m \times 2v\cos 30° = \sqrt{3}\,mv$$
$$= 3m \times V\cos\theta \quad \cdots\cdots ①$$

(2) y 方向について

$$2m \times v + m \times 2v\sin 30° = 3mv$$
$$= 3m \times V\sin\theta \quad \cdots\cdots ②$$

(3) 式② ÷ ①より

$$\tan\theta = \sqrt{3}$$
$$\therefore \quad \theta = \underline{60°}$$

これを式①に代入して

$$V = \frac{2}{\sqrt{3}}v \text{〔m/s〕}$$

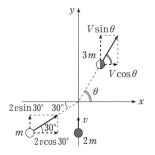

〔2球の斜め衝突〕

$\left.\begin{array}{l} x \text{ 方向について運動量保存則} \\ y \text{ 方向について運動量保存則} \end{array}\right\}$ を適用する。

例題 **31**

質量 0.3 kg の小球 A と質量 0.2 kg の小球 B の間に，自然長が 0.6m のばねをはさみ，ばねを押し縮めて長さ 0.5m の糸で固定してある。はじめ，2 球はなめらかな水平面上で静止している。

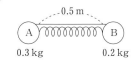

糸を切ると，A，B は左右に動きはじめ，ばねが自然長になったとき，2 球はともにばねから離れた。そのときの B の速さは 1.5 m/s であった。

(1) ばねから離れた後の小球 A の速さはいくらか。

(2) このばねのばね定数はいくらか。

解

(1) ばねが及ぼす力はこの物体系の内力なので物体系の運動量は保存される。簡単に言うと，分裂に際しては運動量の和は保存される。

分裂後の小球 A の速さを v〔m/s〕とおく。分裂前の運動量の和は 0 なので，右向きを正として，

$$0 = 0.3 \times (-v) + 0.2 \times 1.5$$
$$\therefore \quad v = \underline{1}〔\text{m/s}〕$$

(分裂前)

0.5 m
Ⓐ〰〰〰Ⓑ
0.3 kg　　0.2 kg

(分裂後)

v〔m/s〕　0.6 m　　　1.5 m/s
←Ⓐ〰〰〰〰Ⓑ→
0.3 kg　　　　　0.2 kg

(2) 分裂前にばねに蓄えられていた弾性エネルギーが，分裂後の 2 球の運動エネルギーになる。ばね定数を k〔N/m〕として力学的エネルギー保存則の式をたてると，

$$\frac{1}{2}k(0.6-0.5)^2 = \frac{1}{2} \times 0.3 \times (-1)^2 + \frac{1}{2} \times 0.2 \times 1.5^2$$
$$\therefore \quad k = \underline{75}〔\text{N/m}〕$$

例題 **32**

質量 m〔kg〕の小球が速さ v〔m/s〕でなめらかな水平面に $60°$ の角度で衝突し，角度 $30°$ の方向にはねかえった。

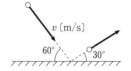

(1) 衝突直後の小球の速さ v' はいくらか。
(2) 小球と床の間の反発係数 e はいくらか。
(3) 小球が面から受けた力積はいくらか。

解

(1) 面はなめらかなので，面と平行な速度の成分は変化しない。

$$\frac{v}{2} = \frac{\sqrt{3}\,v'}{2} \quad \therefore \quad v' = \frac{v}{\sqrt{3}} \text{〔m/s〕}$$

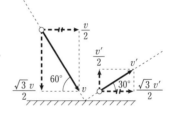

(2) 面に垂直な速度の成分は，反発係数の式に従って変化する。

$$e = \frac{v'/2}{\sqrt{3}\,v/2} = \frac{1}{3}$$

(3) 鉛直上方を正として，鉛直方向の運動量変化を求める。

$$m\frac{v'}{2} - m \times \left(-\frac{\sqrt{3}\,v}{2}\right) = \frac{2}{\sqrt{3}}mv \text{〔kg・m/s〕}$$

小球が受ける力積は小球の運動量変化に等しい。

従って，小球が受けた力積は鉛直上方に $\frac{2}{\sqrt{3}}mv$〔N・s〕

〔なめらかな面との斜め衝突〕

面に平行方向
$$u = u'$$
面に垂直方向
$$e = \frac{w'}{w}$$
$$(0 \leq e \leq 1)$$

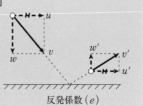

反発係数（e）

高さが 78.4 cm の机の端に, 質量 1.9 kg の木片が置いてある。水平方向から質量 0.1 kg の弾丸を命中させたところ, 弾丸と木片は一体となって机の端から飛び出し, 机から 2 m 離れた床上の点 P に落ちた。重力加速度の大きさを 9.8 m/s² とする。

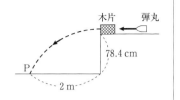

(1) 木片が飛び出してから落下するまでの時間 t を求めよ。

(2) 机の端から飛び出した直後の木片の速さ V はいくらか。

(3) 木片に命中する前の弾丸の速さ v はいくらか。

(4) 弾丸と木片の衝突によって失われた力学的エネルギー $\varDelta E$ はいくらか。

解

(1) 飛び出した後の木片の運動は水平投射になり, 鉛直方向は自由落下に等しい。自由落下の公式より

$$0.784 = \frac{1}{2} \times 9.8 \times t^2$$

$$\therefore \quad t = \underline{0.4 \text{ (s)}}$$

(2) 水平方向は等速運動なので,

$$V = \frac{2}{0.4} = \underline{5 \text{ (m/s)}}$$

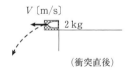

(3) 左向きを正として運動量保存則を適用する。

$$0.1 \times v = 2 \times V \quad \therefore \quad v = \frac{2 \times 5}{0.1} = \underline{100 \text{ (m/s)}}$$

なお, 衝突後一体となるので, この衝突は完全非弾性衝突 ($e = 0$) である。

(4) $\varDelta E = \frac{1}{2} \times 0.1 \times 100^2 - \frac{1}{2} \times 2 \times 5^2 = \underline{475 \text{ (J)}}$

この $\varDelta E$ (J) は熱エネルギーとなり木片と弾丸の温度は上昇する。

例題 34

なめらかな水平面上に，質量 M の板をつけたばね定数 k の軽いばねがある。質量 m の小物体が速度 v で板に衝突した。速度は左向きを正とする。

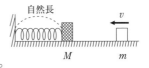

(1) 板と小物体の間の反発係数が $e=0$ のとき

　(i) 衝突直後の速度 V_0 を求めよ。

　(ii) ばねの縮みの最大値 x_0 を求めよ。

(2) 板と小物体の間の反発係数が $e=1$ のとき

　(i) 衝突直後の小物体の速度 v_1，板の速度 V_1 を求めよ。

　(ii) 衝突による力学的エネルギーの減少量 $\varDelta E$ を求めよ。

解

(1)　(i) 衝突後，板と小物体は一体となる。運動量保存則より

$$mv = (m+M)V_0 \quad \therefore \quad \underline{V_0 = \frac{mv}{m+M}}$$

　(ii) 力学的エネルギー保存則より

$$\frac{1}{2}(m+M)V_0{}^2 = \frac{1}{2}kx_0{}^2 \quad \therefore \quad x_0 = V_0\sqrt{\frac{m+M}{k}} = \underline{\frac{mv}{\sqrt{k(m+M)}}}$$

(2)　(i)
$$\begin{cases} mv = mv_1 + MV_1 \\ 1 = -\dfrac{v_1 - V_1}{v} \end{cases}$$

この2式より

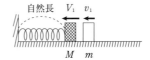

（衝突直後）

$$V_1 = \underline{\frac{2mv}{m+M}}$$

$$v_1 = \underline{\frac{(m-M)v}{m+M}}$$

　(ii) $\varDelta E = \dfrac{1}{2}mv^2 - \left\{\dfrac{1}{2}mv_1{}^2 + \dfrac{1}{2}MV_1{}^2\right\}$

これに，(2)(i)の結果を代入して計算すると　$\varDelta E = \underline{0}$

すなわち，弾性衝突（$e=1$）の場合には，運動エネルギーの和は減少しない。

ココがポイント

$e=1$ の場合　　：運動エネルギーの和は一定に保たれる。

$0 \leqq e < 1$ の場合：運動エネルギーの和は減少する。

質量が共に m の小球 A，B をひもで
つり下げ，高さ h_1，h_2 のところから静か
に放したところ，最下点で衝突し，どち
らもはね返った。ただし，A と B は完
全弾性衝突（$e=1$）をし，重力加速度の
大きさを g とする。

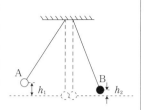

(1) 衝突直前の A の速さ v_A および B
の速さ v_B を求めよ。

(2) 衝突直後の A の速さ $v_A{}'$ および B の速さ $v_B{}'$ を求めよ。

(3) 衝突後の A，B の最高点の高さ h_A，h_B を求めよ。

解

(1) 力学的エネルギー保存則より

$$mgh_1 = \frac{1}{2}mv_A{}^2 \quad \therefore \quad v_A = \underline{\sqrt{2gh_1}}$$

$$mgh_2 = \frac{1}{2}mv_B{}^2 \quad \therefore \quad v_B = \underline{\sqrt{2gh_2}}$$

(2) $v_A{}'$，$v_B{}'$ の向きを右図のように仮定する。
右向きを正として，

$$\begin{cases} mv_A - mv_B = -mv_A{}' + mv_B{}' \\ 1 = -\dfrac{(-v_A{}') - v_B{}'}{v_A - (-v_B)} \end{cases}$$

この 2 式より

$$v_A{}' = v_B = \underline{\sqrt{2gh_2}}$$

$$v_B{}' = v_A = \underline{\sqrt{2gh_1}}$$

（衝突直前）

（衝突直後）

(3) 力学的エネルギー保存則より

$$\frac{1}{2}mv_A{}'^2 = mgh_A \quad \therefore \quad h_A = \frac{v_A{}'^2}{2g} = \underline{h_2}$$

$$\frac{1}{2}mv_B{}'^2 = mgh_B \quad \therefore \quad h_B = \frac{v_B{}'^2}{2g} = \underline{h_1}$$

一直線上で等質量の物体が完全弾性衝突（$e=1$）する場
合，衝突前後で 2 物体の速度は入れ換わる。

例題 **36**

　長さ 2.5 m の糸の先に質量 0.5 kg の
小球 A をつけ，図の位置から静かに放
すと，固定点 O の真下で，静止していた
質量 1.5kg の物体 B と衝突した。A と
B の間の反発係数を e，重力加速度の大
きさを 9.8 m/s^2 とする。

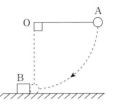

(1)　衝突直後の A および B の速度 v_A，v_B を求めよ。速度は左向き
　　を正とする。

(2)　A が右方にはね返されるための e の条件を求めよ。

(3)　床面の動摩擦係数を 0.25 とする。静止するまでに B がすべっ
　　た距離 l を求めよ。

解

(1)　衝突直前の A の速度 v は，力学的エネルギー保存則より

$$0.5 \times 9.8 \times 2.5 = \frac{1}{2} \times 0.5 \times v^2 \quad \therefore \quad v = 7 \,[\text{m/s}]$$

　　衝突直前，直後について，運動量保存則と反発係数の式は

$$\begin{cases} 0.5 \times 7 = 0.5 v_A + 1.5 v_B \\ e = -\dfrac{v_A - v_B}{7} \end{cases}$$

　　この 2 式より

$$v_A = \frac{7}{4}(1 - 3e) \,[\text{m/s}] \qquad v_B = \frac{7}{4}(1 + e) \,[\text{m/s}]$$

(2)　問(1)の答えは左向きを正としているので，
　　衝突後 A が右方に進む条件は

$$v_A < 0 \quad \text{より} \qquad e > \frac{1}{3}$$

(3)　(動摩擦力のした仕事)＝(運動エネルギーの変化) より

$$-0.25 \times 1.5 \times 9.8 \times l = 0 - \frac{1}{2} \times 1.5 \times v_B{}^2$$

$$\therefore \quad l = \frac{10}{49} v_B{}^2 = \frac{5}{8}(1 + e)^2 \,[\text{m}]$$

32. **慣性力** 加速度 $2\,\mathrm{m/s^2}$ で運動している電車内のA君から見ると，電車内にある質量 $3\,\mathrm{kg}$ の物体Pには，A君（電車）の加速度とは逆向きに大きさ ☐ N の見かけの力（慣性力）がはたらいているように見える。

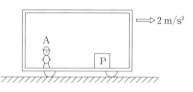

33. **等速円運動の速度** 長さ $1.5\,\mathrm{m}$ の糸の先におもりをつけて，1秒間に4回転の等速円運動をさせた。周期 $T=$ ｱ s，角速度 $\omega=$ ｲ rad/s，速度の向きは円の接線方向で，速さ $v=$ ｳ m/s になる。

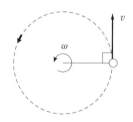

解答▼解説

32

慣性力 {F〔N〕}
加速度 {α〔m/s²〕} 運動をしているＡ君だけが観測する力で，その向きはＡ君の加速度と逆向きで，物体の質量を m〔kg〕とすると，その大きさは　$F = m\alpha$〔N〕

　Ａ君から見ると，Ｐには左向きに，大きさ $3 \times 2 = \underline{6}$〔N〕の慣性力がはたらいているように見える。したがって，もし電車の床がなめらかな場合には，ＰはＡ君に向かってすべってくることになる。

●●

33.

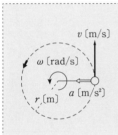

等速円運動
回転数を n〔回/s〕とすると

$$\omega = \frac{2\pi}{T} = 2\pi n \qquad \cdots\cdots\cdots ①$$

速度 $\begin{cases} 大きさ; v = r\omega & \cdots\cdots\cdots ② \\ 向き; 接線方向 \end{cases}$

加速度 $\begin{cases} 大きさ; a = r\omega^2 = \dfrac{v^2}{r} \cdots ③ \\ 向き; 円の中心へ向かう \end{cases}$

(ア)　1回転する時間　$T = \dfrac{1}{4} = \underline{0.25}$〔s〕

(イ)　1秒間に回転する角度　$\omega = 2\pi \times 4 \fallingdotseq \underline{25}$〔rad/s〕

(ウ)　式②より　$v = 1.5 \times 2\pi \times 4 \fallingdotseq \underline{38}$〔m/s〕

34. 等速円運動の加速度　長さ 0.8 m の糸に質量 0.2 kg のおもりをつけ,角速度 10 rad/s で等速円運動をさせた。加速度は円の中心に向かい, $a =$ [ア] m/s² になり,糸の張力の大きさは $S =$ [イ] N になる。

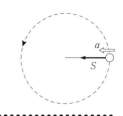

35. 遠心力　長さ 0.5 m の糸に,質量 0.2 kg のおもりをつけ,5 m/s の速さで等速円運動をさせた。おもりと共に動く観測者の立場で考えると,半径方向外向きに [ ] N の遠心力がはたらき,これが糸の張力とつり合っているようにみえる。

34. ㋐　式③より　$a = 0.8 \times 10^2 = \underline{80}$〔m/s²〕

㋑　運動方程式（$ma = F$）より

$0.2 \times 80 = S$　∴　$S = \underline{16}$〔N〕

この糸の張力のように，円の中心に向かう力を**向心力**という。

●●

35.　遠心力は慣性力の一種で，おもりと共に動く観測者の立場で考えると，糸の張力と中心から外に向かう遠心力がつり合うことにより，おもりは静止しているように見える。

式④より

$$(遠心力) = \frac{0.2 \times 5^2}{0.5} = \underline{10}〔N〕$$

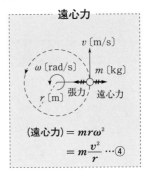

- - - - - - - 　**遠心力**　- - - - - - -

v〔m/s〕

ω〔rad/s〕　　m〔kg〕

r〔m〕　　張力　遠心力

$(遠心力) = mr\omega^2$

$\qquad\quad = m\dfrac{v^2}{r} \cdots④$

36. **単振動** 一直線上を往復運動する物体の時刻 t 〔s〕における変位（座標）x〔m〕が $x = 2\sin 4\pi t$ で表されるとき，この単振動の振幅は [ア] m，周期は [イ] 秒，振動数は [ウ] Hz である。

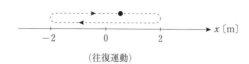

（往復運動）

・・

37. **単振動** 一直線上を往復運動する物体の時刻 t 〔s〕における変位（座標）x〔m〕が $x = 2\sin 4\pi t$ で表されるとき，物体の速度の最大値は $v_0 =$ [ア] m/s，加速度の最大値は $a_0 =$ [イ] m/s² である。答は π のままでよい。

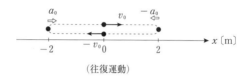

（往復運動）

・・

38. **万有引力** 質量 60 kg と 100 kg の 2 球が 1.0 m 離れているとき，2 球の間にはたらく万有引力の大きさは $F =$ [ ] N である。万有引力定数を 6.7×10^{-11} N·m²/kg² とする。

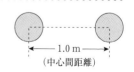

（中心間距離）

36. 等速円運動を x 軸上に投影した運動を単振動という。式⑤と $x = 2\sin 4\pi t$ を比較して

$A = 2$, $\omega = 4\pi$

(ア) $\underline{2}$ [m]

(イ) $T = \dfrac{2\pi}{\omega} = \dfrac{2\pi}{4\pi} = \underline{0.5}$ [s]

(ウ) $f = \dfrac{1}{T} = \dfrac{1}{0.5} = \underline{2}$ [Hz]

単振動

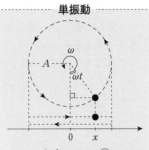

$x = A\sin\omega t$ ⋯⑤

A ; 振幅

T ; 周期 $\left(T = \dfrac{2\pi}{\omega}\right)$

f ; 振動数 $\left(f = \dfrac{1}{T}\right)$

37. 式⑤と $x = 2\sin 4\pi t$ を比較して

$A = 2$, $\omega = 4\pi$

(ア) 式⑥に代入して

$v = 8\pi\cos 4\pi t$

∴ $v_0 = A\omega = \underline{8\pi}$ [m/s]

(イ) 式⑦に代入して

$a = -32\pi^2\sin 4\pi t$

∴ $a_0 = A\omega^2 = \underline{32\pi^2}$ [m/s²]

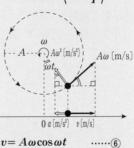

$v = A\omega\cos\omega t$ ⋯⋯⑥

$a = -A\omega^2\sin\omega t$ ⋯⑦

$\quad = -\omega^2 x$ ⋯⋯⋯⑧

38. 質量をもった2つの物体が互いに引き合う力を万有引力という。

$F = 6.7 \times 10^{-11} \times \dfrac{60 \times 100}{1.0^2}$

$\fallingdotseq \underline{4.0 \times 10^{-7}}$ [N]

(注) この公式の距離 r [m] は2球の中心間距離である（表面間距離ではない）。

万有引力

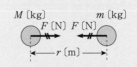

$F = G\dfrac{mM}{r^2}$

G ：万有引力定数

39. 万有引力による位置エネルギー 地球から 2.0×10^7 m 離れたところを 1.0 kg の人工衛星が 4.0×10^3 m/s で飛んでいる。人工衛星の運動エネルギーは $K = $ 　ア　 J, 位置エネルギーは $U = $ 　イ　 J, 力学的エネルギーは $K + U = $ 　ウ　 J である。地球の質量は 6.0×10^{24} kg, 万有引力定数は 6.7×10^{-11} N·m²/kg² とする。

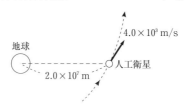

40. 面積速度一定の法則（ケプラーの第2法則） 図のようなだ円軌道上を運動する人工衛星の点 P における面積速度は 　ア　 m²/s で $\dfrac{v_2}{v_1} = $ 　イ　 である。

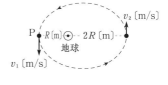

41. ケプラーの第3法則 太陽を焦点としてだ円軌道上を運動する天体 A と B がある。A の周期（太陽のまわりを1周する時間）が T_A [s], B の周期が T_B [s] のとき $\dfrac{T_A}{T_B}$ はいくらか。

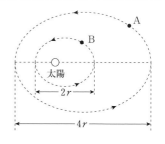

39. (ア)　$K = \dfrac{1}{2} \times 1.0 \times (4.0 \times 10^3)^2$

　　　　$= \underline{8.0 \times 10^6}$〔J〕

(イ)　万有引力による位置エネルギーの基準を無限遠点とする。式⑨より

　　$U = -6.7 \times 10^{-11} \times \dfrac{1.0 \times 6.0 \times 10^{24}}{2.0 \times 10^7}$

　　　$≒ \underline{-2.0 \times 10^7}$〔J〕

(ウ)　$K + U = \underline{-1.2 \times 10^7}$〔J〕

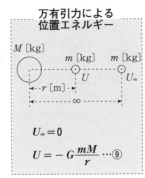

**万有引力による
位置エネルギー**

$U_\infty = 0$

$U = -G\dfrac{mM}{r}$　⋯⑨

40.　面積速度は r と v がつくる三角形の面積に等しい。

万有引力による運動（惑星，人工衛星の運動）においては面積速度は一定に保たれる。

(ア)　$\underline{\dfrac{1}{2} R v_1}$〔m²/s〕

(イ)　$\dfrac{1}{2} R v_1 = \dfrac{1}{2} \times 2R \times v_2$　∴　$\dfrac{v_2}{v_1} = \underline{\dfrac{1}{2}}$

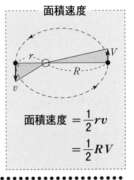

面積速度

$$面積速度 = \dfrac{1}{2} rv$$
$$= \dfrac{1}{2} RV$$

41.　式⑩より

　　$T_A{}^2 = k(2r)^3$　　　$T_B{}^2 = kr^3$

この 2 式より

　　$\dfrac{T_A}{T_B} = \underline{2\sqrt{2}}$

　　この法則は地球と人工衛星の間についても成立する。

ケプラーの第 3 法則

太陽

$T^2 = ka^3$（k ; 定数）⋯⑩
T は周期，a は半長軸

例題 **37**

　右向きに一定の加速度で加速
している電車がある。天井から
つるされた振り子の糸が鉛直方
向と 30° の角をなして静止して
いる。振り子のおもり P の質
量を m〔kg〕, 重力加速度の大
きさを g〔m/s²〕とする。

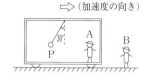

⇨（加速度の向き）

(1)　車内の A 君の立場で, P にはたらく力を上図に矢印で記入せよ。

(2)　この電車の加速度の大きさはいくらか。

解

(1)　電車（A 君）の加速度の大きさを α〔m/s²〕と
する。P にはたらく力は<u>重力（mg〔N〕）, 張力
（T〔N〕）, 慣性力（$m\alpha$〔N〕）</u>の 3 つである。

(2)　A 君が観測すると, P は静止しているので,
x 方向の力のつり合い式より

　　$T\sin 30° = m\alpha$

y 方向の力のつり合い式より

　　$T\cos 30° = mg$

この 2 式より

　　$\alpha = g\tan 30° = \dfrac{g}{\sqrt{3}}$〔m/s²〕

(**参考**)　B 君が観測すると, P は電車と同じ加速
度で運動しているので

　　x 方向は, 運動方程式より

　　　　$m \times \alpha = T\sin 30°$

となり, 数学的には A 君の立場でつくった式と同じになる。

（A 君が観測した場合）

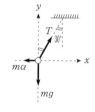

（B 君が観測した場合）

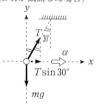

例題 **38**

エレベーターの床に質量100kgの物体を置いた。右のグラフは，エレベーターが上昇するときの速さと時間の関係を表している。重力加速度の大きさを9.8 m/s² とする。

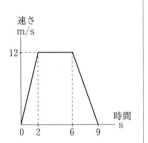

(1) 0～2〔s〕, 2～6〔s〕, 6～9〔s〕の各時間に，エレベーターの床が物体から受ける力の大きさはいくらか。

(2) 0～9〔s〕の間にエレベーターが上昇した距離はいくらか。

解

(1) 慣性力の扱いに慣れるために，エレベーターに乗っている観測者Aの立場で考えてみよう。

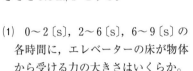

(i) 0～2〔s〕の間

加速度はグラフの傾きより

$$\frac{12}{2} = 6 \, [\text{m/s}^2]$$

Aからみると物体は静止して見えるので，力のつり合い式より

$N_1 = 100 \times 6 + 100 \times 9.8$ ∴ $N_1 = \underline{1580} \, [\text{N}]$

(ii) 2～6〔s〕間の加速度はグラフの傾きより 0 m/s² なので慣性力ははたらかない。従って $N_2 = 100 \times 9.8 = \underline{980} \, [\text{N}]$

(iii) 6～9〔s〕の間

加速度は $-\dfrac{12}{9-6} = -4 \, [\text{m/s}^2]$

すなわち，下向きに 4 m/s² である。

力のつり合い式より

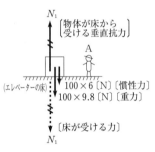

$N_3 + 100 \times 4 = 100 \times 9.8$ ∴ $N_3 = \underline{580} \, [\text{N}]$

(2) グラフの面積が移動距離を表している。

台形の面積より $\dfrac{12 \times (4+9)}{2} = \underline{78} \, [\text{m}]$

　水平に置かれた半径 r 〔m〕の円板
の端に m 〔kg〕の小物体Pをのせ，円
板を角速度 ω_0 〔rad/s〕で等速円運動
させたら，Pは円板上ですべらずに円
板と共に回転した。重力加速度の大き
さを g とする。

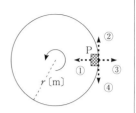

(1)　回転の周期 T，およびPの速さ v はいくらか。

(2)　Pが図の位置のとき，Pにはたらく静止摩擦力の向き及び大き
　　さ f を求めよ。向きは①～④から選べ。

(3)　角速度をしだいに大きくしていくと，$4\omega_0$ 〔rad/s〕のとき，Pは
　　円板から飛び出す直前であった。静止摩擦係数 μ はいくらか。

解

(1)　$T = \dfrac{2\pi}{\omega_0}$ 〔s〕　　$v = r\omega_0$ 〔m/s〕

(2)　静止摩擦力 f と遠心力がつり合い，
　　Pは板上で静止している。

$$f = mr\omega_0{}^2 \text{〔N〕}　　向き①$$

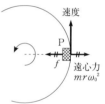

(参考)　地面から見ると，Pは静止摩擦力 f を向
　心力として等速円運動している。

(3)　すべり出す直前なので静止摩擦力は
　　最大静止摩擦力（μmg）になり，これ
　　が遠心力とつり合っている。

$$\mu mg = mr(4\omega_0)^2$$
$$\therefore\quad \mu = \frac{16r\omega_0{}^2}{g}$$

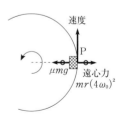

　　なお，地面から見ると，Pが飛び出す向
　きは速度の向き，すなわち接線方向②にな
　る。

例題 40

長さ l 〔m〕の糸に m 〔kg〕の小球をつけ，水平面内で等速円運動をさせた。このとき，糸が鉛直線となす角は $60°$ になった。重力加速度の大きさを g 〔m/s²〕とする。

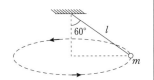

(1) 糸の張力の大きさ S を求めよ。

(2) 円運動の角速度の大きさ ω を求めよ。

(3) 小球の速さ v を求めよ。

(4) 円運動の周期 T を求めよ。

解

(1) 小球と同じ等速円運動するA君の立場で考える。A君が観測すると，右図のように，3つの力がつり合っているように見える。鉛直方向の力のつり合い式は

$$S\cos 60° = mg \quad \therefore \quad S = \underline{2mg} \text{ 〔N〕}$$

(2) 右図で f は遠心力である。

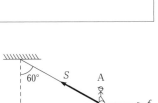

(A君が観測した場合)

$$f = m \cdot \frac{\sqrt{3}\,l}{2} \cdot \omega^2$$

水平方向の力のつり合い式より

$$S\sin 60° = m \cdot \frac{\sqrt{3}\,l}{2} \cdot \omega^2 \quad \therefore \quad \omega = \sqrt{\frac{S}{ml}} = \underline{\sqrt{\frac{2g}{l}}} \text{ 〔rad/s〕}$$

別解 次に，地面上のB君の立場で考えてみる。右図で a は加速度で

$$a = \frac{\sqrt{3}\,l}{2} \cdot \omega^2$$

水平方向は，運動方程式 $(ma = F)$ より

$$m \cdot \frac{\sqrt{3}}{2}l\,\omega^2 = S\sin 60°$$

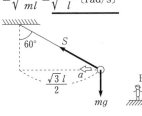

(B君が観測した場合)

(3) $v = \dfrac{\sqrt{3}\,l}{2} \cdot \omega = \underline{\sqrt{\dfrac{3gl}{2}}} \text{ 〔m/s〕}$

(4) $T = \dfrac{2\pi}{\omega} = \underline{2\pi\sqrt{\dfrac{l}{2g}}} \text{ 〔s〕}$

長さ l の糸の先端に質量 m のおもりをつけ，なめらかな水平面上で，角速度 ω の等速円運動をさせた。糸が鉛直線となす角を θ，重力加速度の大きさを g とする。

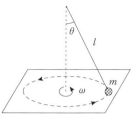

(1) 糸の張力 T はいくらか。

(2) おもりが水平面から受ける垂直抗力の大きさはいくらか。

(3) 角速度をしだいに大きくしていくと，やがておもりは水平面から離れる。このときの角速度 ω_0 はいくらか。

解

(1) 右図で，N は垂直抗力，f は遠心力である。

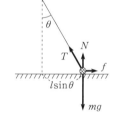

$$f = m \times l\sin\theta \times \omega^2$$

水平方向の力のつり合い式は

$$ml\omega^2\sin\theta = T\sin\theta$$

$$\therefore \quad T = \underline{ml\omega^2}$$

(2) 鉛直方向の力のつり合い式は

$$N + T\cos\theta = mg$$

$$\therefore \quad N = mg - T\cos\theta = \underline{m(g - l\omega^2\cos\theta)}$$

(3) $N = 0$ のとき，おもりは水平面から離れる。

$$m(g - l\omega_0^2\cos\theta) = 0$$

$$\therefore \quad \omega_0 = \underline{\sqrt{\frac{g}{l\cos\theta}}}$$

 物体が面から離れる $\Leftrightarrow$ 垂直抗力がゼロ

 物体が等速円運動するとき，円の中心に向かう力を見つけだして，半径方向の力のつり合い式をつくる。
(中心に向かう力) = (遠心力)

—80—

[例題] **42**

水平面 AB に半径 r の円筒面 BCD が続いている。質量 m の小物体 P を点 A から速さ v_0 で打ち出した。面はなめらかであり，重力加速度の大きさを g とする。

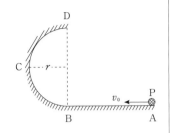

(1) P が点 B を通過する前と通過した直後に面から受ける垂直抗力の大きさ N_1 および N_2 を求めよ。

(2) P が円筒面から離れることなく，点 D を通過するためには点 D でいくら以上の速さをもっている必要があるか。また，そのための v_0 の条件を求めよ。

[解]

(1) 鉛直方向の力のつり合い式より

$N_1 = \underline{mg}$

点 B を通過した直後は遠心力がはたらくので半径方向の力のつり合い式より

$N_2 = mg + m\dfrac{v_0^2}{r}$

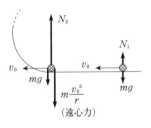

(2) 点 D において，遠心力を考えた，半径方向の力のつり合い式より

$$mg + N_3 = m\dfrac{v^2}{r} \qquad \cdots\cdots\cdots ①$$

力学的エネルギー保存則より

$$\dfrac{1}{2}mv_0^2 = \dfrac{1}{2}mv^2 + mg \times 2r \qquad \cdots ②$$

P で離れないためには，式①で $N_3 \geq 0$ とおくと

$$\underline{v \geq \sqrt{gr}} \qquad \cdots\cdots\cdots\cdots ③$$

式②，③より　$\underline{v_0 \geq \sqrt{5gr}}$

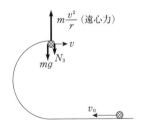

〔鉛直面内の等速でない円運動の扱い方〕

連立方程式 $\begin{cases} \text{遠心力を考えて，半径方向の力のつり合い式} \\ \text{力学的エネルギー保存則} \end{cases}$

例題 43

長さ l のひもの一端を点 O に固定し，他端に質量 m のおもりをつけ，鉛直につるした。点 P で速さ v_0 を与えたところ，点 Q でひもがたるみ，おもりは放物運動を始めた。重力加速度を g とする。

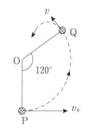

(1) 点 Q におけるおもりの速さ v を g，l を用いて表せ。

(2) v_0 を g，l を用いて表せ。

次に，ひもを長さ l の軽い棒に替えた。

(3) おもりを点 Q に到達させるために必要な点 P での速さの最小値 V を g，l を用いて表せ。

解

T は張力，$m\dfrac{v^2}{l}$ は遠心力である。

(1) 半径方向の力のつり合い式は，

$$m\frac{v^2}{l} = T + mg\cos 60°$$

ひもがたるむ瞬間なので $T = 0$ になる。

$$\therefore \quad v = \sqrt{\frac{gl}{2}}$$

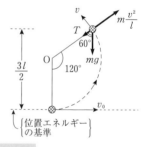

ココが ポイント　糸（ひも）がたるむ ⇔ 張力がゼロ

(2) 力学的エネルギー保存則より

$$\frac{1}{2}mv_0^2 + 0 = \frac{1}{2}mv^2 + mg \times \frac{3l}{2}$$

(1)の結果を代入して解くと

$$v_0 = \sqrt{\frac{7gl}{2}}$$

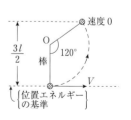

(3) 棒はたるむことがないので，力学的エネルギー保存則だけを考えればよい。

$$\frac{1}{2}mV^2 + 0 = 0 + mg \times \frac{3l}{2}$$

$$\therefore \quad V = \sqrt{3gl}$$

例題 **44**

なめらかな水平面上でばね定数 k〔N/m〕の軽いばねに質量 m〔kg〕の物体をつけ、自然長から A〔m〕引き伸ばして手を放した。

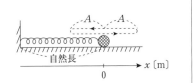

(1) この単振動の周期 T を求めよ。

(2) 小物体の速度の最大値 v_0 と加速度の最大値 a_0 を求めよ。

解

(1) 右図で f は弾性力、a は加速度である。

$$f = -kx$$

運動方程式より

$$ma = -kx \quad \therefore \quad a = -\frac{k}{m}x$$

これを式⑧（P73参照）と比較して

$$\omega^2 = \frac{k}{m} \quad \therefore \quad T = \frac{2\pi}{\omega} = 2\pi\sqrt{\frac{m}{k}}\ \text{〔s〕}$$

(2) $v_0 = A\omega = A\dfrac{2\pi}{T} = A\sqrt{\dfrac{k}{m}}$ 〔m/s〕

$a_0 = A\omega^2 = A\left(\dfrac{2\pi}{T}\right)^2 = \dfrac{Ak}{m}$ 〔m/s²〕

なお v_0 は力学的エネルギー保存則、a_0 は運動方程式を用いて求めることもできる。

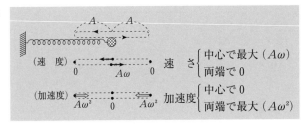

例題 45

　　ばね定数 k〔N/m〕の軽いばねに m〔kg〕のおもり P をつり下げて静止させた。重力加速度の大きさを g〔m/s²〕とする。

(1)　ばねの伸び l はいくらか。

(2)　P を下から支えてばねを自然長にもどし，急に支えをはずす。P はこの位置から最大どれだけ下がるか。

(3)　この後，P は単振動をする。P の速度の最大値 v_0 はいくらか。

解

(1)　(重力) = (弾性力) より　$mg = kl$　∴　$l = \dfrac{mg}{k}$〔m〕

(2)　P はつり合いの位置 O を振動中心として単振動するので，

$$2l = \dfrac{2mg}{k} \text{〔m〕}$$

(3)　点 O を重力による位置エネルギーの基準にとる。振動の上端の点 A における P の速さは 0 なので，力学的エネルギー保存則は

$$\underbrace{\dfrac{1}{2}m \times 0^2 + \dfrac{1}{2}k \times 0^2 + mgl}_{\text{(点 A)}} = \underbrace{\dfrac{1}{2}mv_0^2 + \dfrac{1}{2}kl^2 + mg \times 0}_{\text{(点 O)}}$$

左辺に $mg = kl$ を代入して

$$\dfrac{1}{2}kl^2 = \dfrac{1}{2}mv_0^2 \quad \cdots\cdots①$$

$$∴ \quad v_0 = l\sqrt{\dfrac{k}{m}} = g\sqrt{\dfrac{m}{k}} \text{〔m/s〕}$$

(参考)　式①は $\dfrac{1}{2}kx^2$ の x をつり合いの位置点 O からの距離と考えれば，mgh は，立式の際，考える必要がないことを意味している。したがって，次のような形で，力学的エネルギー保存則を適用してもよい。

$$\underbrace{\dfrac{1}{2}m \times 0^2 + \dfrac{1}{2}kl^2}_{\text{(点 A)}} = \underbrace{\dfrac{1}{2}mv_0^2 + \dfrac{1}{2}k \times 0^2}_{\text{(点 O)}}$$

例題 46

　ばね定数 k [N/m] の軽いばね
に m [kg] のおもり P をつけ，傾
角 θ のなめらかな斜面上で静止さ
せた。この位置を原点 O とし，重
力加速度の大きさを g [m/s²] と
する。

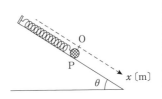

(1)　P が静止しているときのばねの伸び l_0 を求めよ。

(2)　P を点 O から l [m] だけ引っ張り，静かに放した。P の座標が
　　x のときに，P にはたらく力の合力 F と，加速度 a を求めよ。

(3)　このばね振り子の振幅と周期 T はいくらか。

解

(1)　斜面方向の力のつり合いより

$$mg\sin\theta = kl_0$$

$$\therefore \quad l_0 = \frac{mg\sin\theta}{k} \text{ [m]}$$

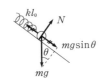

(2)　重力の斜面方向の成分は $mg\sin\theta$ で，
　　弾性力は $-k(x+l_0)$ である。

$$F = mg\sin\theta - k(x+l_0)$$

これに(1)の結果を代入して

$$F = -kx \text{ [N]}$$

運動方程式は，$ma = -kx$

$$\therefore \quad a = -\frac{k}{m}x \text{ [m/s²]}$$

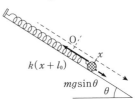

(3)　例題 44(1)と同様にして，周期は $T = 2\pi\sqrt{\dfrac{m}{k}}$ [s]

　つり合いの位置が振動中心，放した位置が端なので，振幅は l [m]

ココが
ポイント

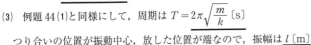

〔ばね振り子〕

(i)　振動中心は力のつり合いの位置

(ii)　周期は，ばねが水平，鉛直，斜面上に関わりな
　　く，同じで　$T = 2\pi\sqrt{\dfrac{m}{k}}$ である。

　長さ l の糸の先に質量 m のおもりを
つけた単振り子がある（図1）。重力加
速度の大きさを g とする。

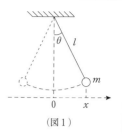

(1)　糸が小さな角 θ だけ傾いているとき，
　　運動方向（接線方向）の力の成分 F を
　　求めよ。力は右向きを正とする。

(図1)

(2)　F を x を用いて表し，この単振り子
　　の周期 T を求めよ。

(3)　次に，この単振り子を傾角 α のなめ
　　らかな斜面上で振らせたとき（図2）
　　の周期 T' を求めよ。

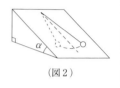

(図2)

解

(1)　接線方向の力は重力を分解することにより得
　　られ，図の向きに $mg\sin\theta$ になる。角 θ は小
　　さいので $mg\sin\theta$ は近似的に水平方向左向き
　　になる。

$$\therefore\quad F = \underline{-mg\sin\theta}$$

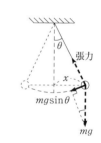

(2)　(1)の結果に $\sin\theta = \dfrac{x}{l}$ を代入して

$$F = \underline{-\frac{mg}{l}x}$$

　　これを単振動の式 $F = -m\omega^2 x$ と比較して

$$\omega^2 = \frac{g}{l}$$

$$\therefore\quad T = \frac{2\pi}{\omega} = \underline{2\pi\sqrt{\frac{l}{g}}}$$

> **単振り子の周期**
>
> $$T = 2\pi\sqrt{\frac{l}{g}}$$

(3)　右図で $mg' = mg\sin\alpha$

$$\therefore\quad g' = g\sin\alpha$$

　　この g' が見かけの重力加速度となり，おもり
　　は単振動をする。

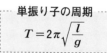

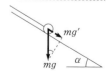

$$T' = 2\pi\sqrt{\frac{l}{g'}} = \underline{2\pi\sqrt{\frac{l}{g\sin\alpha}}}$$

例題 48

地球の質量を M〔kg〕，半径を R〔m〕，万
有引力定数を G〔N・m²/kg²〕とおく。地球の
自転による影響は無視する。

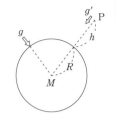

(1) 地表面における重力加速度の大きさ
g〔m/s²〕を M, R, G を用いて表せ。

(2) 地上からの高さ h〔m〕の点 P の重力加
速度の大きさ g'〔m/s²〕は g の何倍か。

(3) $G \fallingdotseq 6.7 \times 10^{-11}$N・m²/kg², $R \fallingdotseq 6.4 \times 10^{6}$m, $g \fallingdotseq 9.8$ m/s² であ
る。地球の質量 M を求めよ。

解

(1) 地球の自転による影響が無視できるとき，地表面で質量 m〔kg〕の物体
にはたらく重力 mg〔N〕の正体は，万有引力 $G\dfrac{mM}{R^2}$〔N〕である。

$$mg = G\frac{mM}{R^2} \qquad \therefore \quad g = \underline{\frac{GM}{R^2}} \text{〔m/s²〕}$$

(2) 点 P で m〔kg〕の物体にはたら
く重力 mg'〔N〕の正体は，その点で，
その物体にはたらく万有引力

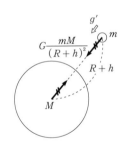

$G\dfrac{mM}{(R+h)^2}$〔N〕である。

$$mg' = G\frac{mM}{(R+h)^2}$$

$$\therefore \quad g' = \frac{GM}{(R+h)^2} = \frac{R^2}{(R+h)^2}g$$

$$\underline{\left(\frac{R}{R+h}\right)^2} \text{倍}$$

(3) 問(1)の結果より

$$M = \frac{gR^2}{G} = \frac{9.8 \times (6.4 \times 10^{6})^2}{6.7 \times 10^{-11}}$$

$$\fallingdotseq \underline{6.0 \times 10^{24}} \text{〔kg〕}$$

[例題] ㊾

　静止衛星は，赤道上空を地球の自転周期と同じ公転周期で円軌道を描いて回り，地球上からみると静止しているように見える。地球の質量を M，地球の自転周期を T，万有引力定数を G とする。

(1)　静止衛星の円軌道の半径 r と速さ v を求めよ。

(2)　地球は太陽を中心に半径 R，周期 D で公転しているものとする。太陽の質量 M' を M, T, D, R, r で表せ。

[解]

(1)　静止衛星の質量を m とする。

　　（万有引力）＝（遠心力）より

$$G\frac{mM}{r^2} = m\frac{v^2}{r} \quad \cdots\cdots①$$

　静止衛星の周期は T なので

$$v = \frac{2\pi r}{T} \quad \cdots\cdots②$$

　式①，②より v を消去して

$$G\frac{mM}{r^2} = \frac{m}{r}\left(\frac{2\pi r}{T}\right)^2$$

$$\therefore \quad r = \left(\frac{GMT^2}{4\pi^2}\right)^{\frac{1}{3}} \quad \cdots\cdots③$$

　これを式②に代入して

$$v = \frac{2\pi}{T}\left(\frac{GMT^2}{4\pi^2}\right)^{\frac{1}{3}} = \left(\frac{2\pi GM}{T}\right)^{\frac{1}{3}}$$

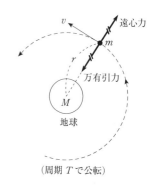

（周期 T で公転）

(2)　(1)と同様にして，地球について（万有引力）＝（遠心力）の式を解くと

$$R = \left(\frac{GM'D^2}{4\pi^2}\right)^{\frac{1}{3}} \quad \cdots\cdots④$$

　式③，④より $\left(\dfrac{R}{r}\right)^3 = \dfrac{M'}{M}\left(\dfrac{D}{T}\right)^2$

$$\therefore \quad M' = \left(\frac{R}{r}\right)^3 \cdot \left(\frac{T}{D}\right)^2 \cdot M$$

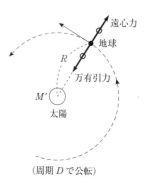

（周期 D で公転）

〔円軌道の場合〕
（万有引力）＝（遠心力）

例題 **50**

地球の質量を M, 半径を R, 万有引力定数を G とする。

(1) 地表すれすれに円軌道を描いて飛ぶ人工衛星の速さ v_1（これを第1宇宙速度という）と周期 T を求めよ。

(2) v_1 を地表面における重力加速度 g を用いて表せ。

(3) 地表面から人工衛星を打ち出し，地球から無限遠方に到達させたい。打ち出す速度は v_2（これを第2宇宙速度という）以上でなければならない。v_2 を求めよ。

解

(1) 人工衛星の質量を m とする。
（万有引力）＝（遠心力）より

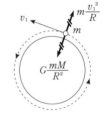

$$G\frac{mM}{R^2} = m\frac{v_1{}^2}{R}$$

$$\therefore\quad v_1 = \sqrt{\frac{GM}{R}}$$

$$T = \frac{2\pi R}{v_1} = 2\pi R\sqrt{\frac{R}{GM}}$$

(2) （地表面での重力）＝（遠心力）

$$mg = m\frac{v_1{}^2}{R}\quad\therefore\quad v_1 = \sqrt{gR}$$

(3) 打ち出した速さを v, 無限遠方での速さを u とおく。無限遠方での万有引力による位置エネルギーは0だから力学的エネルギー保存則より

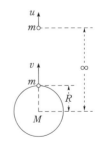

$$\underbrace{\frac{1}{2}mv^2 + \left(-G\frac{mM}{R}\right)}_{\text{（打ち出した瞬間）}} = \underbrace{\frac{1}{2}mu^2}_{\text{（無限遠方）}} \geqq 0$$

これを解いて　$v \geqq \sqrt{\frac{2GM}{R}}$

$$\therefore\quad v_2 = \sqrt{\frac{2GM}{R}}\,(=\sqrt{2}\,v_1)$$

 〔人工衛星を無限遠方に到達させるための条件〕
（運動エネルギー）＋（万有引力による位置エネルギー）$\geqq 0$

42.　絶対温度　30 ℃は何 K か。また，100 K は何℃か。

- -

43.　比熱　10 ℃の水 300 g を 60 ℃まで温めるのに必要な熱量は何 J か。水の比熱は 4.2 J/(g・K) とする。

基

- -

44.　熱容量　500g の銅の熱容量はいくらか。
銅の比熱を 0.38 J/(g・K) とする。

- -

45.　物質の三態　物質は ア ・ イ ・ ウ の 3 つの状態をとる。 ア 中の原子や分子は自由に動くことができず，ある点を中心に エ をしている。温度を増すと エ が激しくなり，やがて イ をへて，原子や分子が自由に飛び回れる ウ へと変わっていく。

解答▼解説

42. 絶対温度 T〔K〕とセ氏温度 t〔℃〕の間には右の関係がある。

30℃は $T = 273 + 30 = \underline{303}$〔K〕

100K は $100 = 273 + t$ より $t = \underline{-173}$〔℃〕

> **絶対温度**
> $T = 273 + t$

●●

43. 比熱 c〔J/(g・K)〕は，単位質量の物質の温度を1K（1℃）だけ上げるのに必要な熱量のこと。質量 m の物体の温度を ΔT だけ上げるのに必要な熱量 Q は右のように表される。

$$Q = 300 \times 4.2 \times (60 - 10) = \underline{6.3 \times 10^4}〔J〕$$

温度差 ΔT は〔K〕でも〔℃〕でも同じ。

> **熱量と比熱**
> $Q = mc\Delta T$

●●

44. 物体の温度を1〔K〕上げるのに必要な熱量を熱容量という。熱容量は mc〔J/K〕に等しい。

$$mc = 500 \times 0.38 = \underline{190}〔J/K〕$$

●●

45. 物質には固体・液体・気体の3つの状態があり，これを物質の三態という。固体では，原子や分子がしっかりと結合し，つり合いの位置を中心にして振動している。液体では原子や分子の間の結びつきが弱く，位置をたえず変えながら移動をしている。気体になると，原子や分子間の結合はほとんどなくなり，自由に飛びかうようになる。

㋐ 固体　㋑ 液体　㋒ 気体　㋓ 振動（熱振動）

---例題--- **51**

銅の粒を数多く入れた袋がある。銅全体は 0.80 kg あり，断熱性の袋は軽い。これを床から 2.6 m 持ち上げて落とすと，すぐに床上で静止する。再び持ち上げて落とし，全部で 20 回くり返したとき，銅の温度は何℃上昇するか。銅の比熱を 0.39 J/(g・K)，重力加速度の大きさを 9.8 m/s² とし，失われる力学的エネルギーのうち 90 % が銅に熱として吸収されるものとする。

解

位置エネルギー mgh の 20 倍が失われ，そのうちの 90 % が銅に吸収される熱量となる。求める温度上昇を $\varDelta T$〔℃〕とし，質量の単位と有効数字 2 けたに注意して

$(0.80 \times 9.8 \times 2.6) \times 20 \times 0.90 = (0.80 \times 10^3) \times 0.39 \times \varDelta T$

$$\therefore \quad \varDelta T = 1.176 \fallingdotseq \underline{1.2}〔℃〕$$

---例題--- **52**

30 ℃の水 300 g の中に 80 ℃に熱した 700 g の鉄を入れると何℃になるか。水の比熱を 4.2 J/(g・K)，鉄の比熱を 0.45 J/(g・K) とし，外部との熱のやりとりはないとする。

解

鉄は冷え，水は温まる。求める温度 t〔℃〕は 30 ℃と 80 ℃の間にある。水が得た熱量は鉄が失った熱量に等しい（熱に関するエネルギー保存則で，**熱量の保存**とよばれる）。よって，

$300 \times 4.2 \times (t - 30) = 700 \times 0.45 \times (80 - t)$

$$\therefore \quad t = \underline{40}〔℃〕$$

低温物体が得た熱量 ＝ 高温物体が失った熱量

例題 53

200 g の氷に 400 W の割合で熱を加えていったときの温度変化は右のようになった。図の温度 t_1 は ア ℃であり，氷の比熱 1.9 J/(g·K) を用いると，はじめの氷の温度 t_0 は イ ℃であったことが分かる。また，氷の融解熱は ウ J/g と分かる。

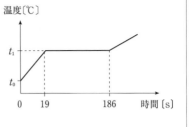

解

(ア) 19 〔s〕から 186 〔s〕の間の温度が一定であることから，この間は氷がとけて水になっていることが分かる。そのときの温度（融点）は $\underline{0}$℃である。また，水が気体（水蒸気）に変わっていくときの温度（沸点）が 100℃であることも知っておきたい。

(イ) 氷の温度を 0℃に上げるまでに加えた熱量は 400×19〔J〕だから
$$400 \times 19 = 200 \times 1.9 \times (0 - t_0)$$
$$\therefore \quad t_0 = \underline{-20}\,〔℃〕$$

(ウ) 0℃の氷 200g をとかすのに要した熱量は
$$400 \times (186 - 19) = 66800 \,〔J〕$$
0℃の氷 1g をとかすのに必要な熱量が融解熱だから
$$66800 \div 200 = \underline{334}\,〔J/g〕$$

固体・液体・気体間での状態変化の間，温度は一定

8 理想気体の性質

46. ボイル・シャルルの法則　1気圧，27 ℃の酸素が6 L（リットル）ある。2気圧，127 ℃にすると何 L の体積となるか。気体は理想気体とする（以下の問題でも同様）。

47. 物質量　アボガドロ定数を N_A とする。いま，気体が N 個の分子を含んでいるとすると，その物質量は何 mol（モル）か。

48. モルと分子量　酸素 O_2 96 g は何 mol か。また，0.2 mol の酸素 O_2 は何 g か。ただし，酸素 O_2 の分子量を 32 とする。

49. 状態方程式　2.0 mol の水素が 27 ℃，圧力 3.0×10^5 Pa のもとで占める体積は何 m^3 か。気体定数 R は 8.3 J/(mol・K) とする。

解答▼解説

46. 一定量の理想気体の圧力 P, 体積 V, 絶対温度 T の間には右のような関係が成立する。

> **ボイル・シャルルの法則**
>
> $$\frac{PV}{T} = 一定$$

$$\frac{1 〔気圧〕 \times 6 〔L〕}{273 + 27 〔K〕} = \frac{2 〔気圧〕 \times V 〔L〕}{273 + 127 〔K〕} \quad より \quad V = \underline{4} 〔L〕$$

圧力と体積の単位は両辺でそろっていればよい。

・・・・・・・・・・・・・・・・・・・・・・・・・・・・・・・・・・・・・

47. 分子でも原子でもあるいはイオンでも, アボガドロ定数 ($N_A = 6.02 \times 10^{23}$) 個だけ集まったものを 1 モル (mol) という。したがって, 求める物質量 n は $n = \dfrac{N}{N_A}$ 〔mol〕

・・・・・・・・・・・・・・・・・・・・・・・・・・・・・・・・・・・・・

48. 分子量や原子量に〔g〕を付けると, 1 モルの質量になる。O_2 の 1 モルは 32〔g〕だから, $96 \div 32 = \underline{3}$ 〔mol〕 また, $0.2 \times 32 = \underline{6.4}$〔g〕

・・・・・・・・・・・・・・・・・・・・・・・・・・・・・・・・・・・・・

49. 理想気体の圧力 P〔Pa〕, 体積 V〔m³〕, 物質量 n〔mol〕, 絶対温度 T〔K〕の間には, 気体定数を R〔J/(mol·K)〕として, 状態方程式が成立する。

> **状態方程式**
>
> $$PV = nRT$$

これより $V = \dfrac{nRT}{P} = \dfrac{2.0 \times 8.3 \times (273 + 27)}{3.0 \times 10^5}$

$$= 1.66 \times 10^{-2} \fallingdotseq \underline{1.7 \times 10^{-2}}〔m³〕$$

R が国際単位系〔J/(mol·K)〕で与えられているときには, P は〔Pa〕, V は〔m³〕を用いなければならない。

例題 54

断面積 S〔m²〕のシリンダーになめら
かに動く質量 M〔kg〕のピストンがはめ
こまれている。大気圧を P_0〔Pa〕とする
と，容器内の気体の圧力は，図 a，図 b
の場合，それぞれいくらか。重力加速度
の大きさを g〔m/s²〕とする。

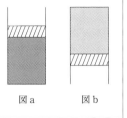

図 a　　　図 b

解　気体の圧力を P〔Pa〕とすると，ピストンの
力のつり合いは右図のようになる。

図 a …… $PS = P_0 S + Mg$

$$\therefore \quad P = P_0 + \frac{Mg}{S} \ \text{〔Pa〕}$$

図 b …… $PS + Mg = P_0 S$

$$\therefore \quad P = P_0 - \frac{Mg}{S} \ \text{〔Pa〕}$$

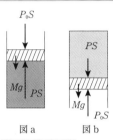

図 a　　　図 b

　なめらかに動くピストンは力のつり合いに注意

例題 55

ヘリウム 1.0g が 27℃，2.0 気圧の下でコックの付いた容器に入
れられている。容器の容積は何 m³ か。また，容器を加熱しながら
コックを開き，1.0 気圧となったところでコックを閉じた。このと
き気体は 127℃であった。容器内に残っているヘリウムは何 g か。
ヘリウムの分子量を 4.0，気体定数を 8.3 J/(mol・K)，1 気圧
$= 1.0 \times 10^5$ Pa とする。

解　分子量に〔g〕を付けた値が 1 モルの質量である。状態方程式より

$$2.0 \times 1.0 \times 10^5 V = \frac{1.0}{4.0} \times 8.3 \times (273 + 27)$$

$$V = 3.11 \cdots \times 10^{-3} \fallingdotseq \underline{3.1 \times 10^{-3}} \ \text{〔m³〕}$$

容器に残ったヘリウムを n モルとすると

$$1.0 \times 1.0 \times 10^5 \times 3.1 \times 10^{-3} = n \times 8.3 \times (273 + 127)$$

これより　$n = 0.0933 \cdots = 0.093$〔mol〕

$$\therefore \quad 4.0 \times 0.093 = 0.372 \fallingdotseq \underline{0.37} \ \text{〔g〕}$$

例題 56

なめらかに動くピストンの付いた，断面積 S 〔m²〕のシリンダーに気体をつめ，ピストンの上にはおもりを置いた。このとき，ピストンの高さは l 〔m〕であり，気体の温度は T_0 〔K〕であった。おもりとピストンの質量は合わせて M 〔kg〕であり，大気圧を P_0 〔Pa〕，気体定数を R 〔J/(mol·K)〕，重力加速度の大きさを g 〔m/s²〕とする。

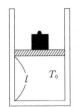

(1) 気体の圧力はいくらか。

(2) 気体の物質量はいくらか。

(3) 気体をゆっくり加熱すると，気体は膨張し，ピストンの高さは $\dfrac{3}{2}l$ 〔m〕となった。このときの気体の温度はいくらか。

解

(1) 例題54の図aと同様に，ピストン（おもりを含める）の力のつり合い式は，気体の圧力を P 〔Pa〕として

$$PS = P_0 S + Mg \qquad \therefore \quad \underline{P = P_0 + \frac{Mg}{S}} \text{〔Pa〕}$$

(2) 物質量を n とすると，状態方程式は

$$P \cdot Sl = nRT_0 \qquad \cdots\cdots ①$$

問(1)の結果を代入すると

$$\left(P_0 + \frac{Mg}{S}\right)Sl = nRT_0 \qquad \therefore \quad \underline{n = \frac{(P_0 S + Mg)l}{RT_0}} \text{〔mol〕}$$

(3) 気体をゆっくり加熱すると，ピストンもゆっくり上昇し，ピストン（とおもり）にはたらく力はたえずつり合っていると考えてよい。気体の圧力を P' とすると，$P'S = P_0 S + Mg$ より $P' = P_0 + Mg/S$，したがって $P' = P$ となる。このように気体の圧力は一定のままである（定圧変化）。最後の状態の温度を T 〔K〕とし，状態方程式をつくると

$$PS \cdot \frac{3}{2}l = nRT \qquad \cdots\cdots ②$$

②÷① のように辺々で割り算すると $\quad \dfrac{3}{2} = \dfrac{T}{T_0} \qquad \therefore \quad \underline{T = \frac{3}{2}T_0} \text{〔K〕}$

　なめらかに動くピストンによって分けられた A，B の部分に気体が入っている。はじめ，A，B の体積は V〔m³〕と $2V$〔m³〕であり，温度は等しく T〔K〕である。A 内の気体の物質量を n〔mol〕，気体定数を R〔J/(mol·K)〕とする。

	A	B
	V	$2V$
	T	T
	n	

(1)　A 内の気体の圧力はいくらか。

(2)　B 内の気体の物質量はいくらか。

(3)　B 内の気体の温度を T〔K〕に保ったまま，A 内の気体の温度を $3T$〔K〕に上げると，A 内の体積はいくらになるか。

解

(1)　A 内の圧力を P とすると，状態方程式は

$$PV = nRT \qquad \therefore \quad P = \frac{nRT}{V} \ \text{〔Pa〕}$$

(2)　B 内の圧力を P'，ピストンの断面積を S とすると，ピストンにはたらく力のつり合いより

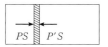

$$PS = P'S \qquad \therefore \quad P' = P$$

即ち，A，B 両室の圧力は等しい。

　B 内の気体の物質量を n' として，状態方程式を立てると

$$P' \cdot 2V = n'RT$$

$$\frac{nRT}{V} \cdot 2V = n'RT \qquad \therefore \quad n' = \underline{2n} \ \text{〔mol〕}$$

(3)　A の体積を V_1 とおくと，全体の体積が変わらないことから B の体積は $3V - V_1$ と表される。　(2)と同様，A，B の圧力は等しいはずなので P_1 とおき，状態方程式を立ててみると

A……　$P_1V_1 = nR \cdot 3T$　……………①

B……　$P_1(3V - V_1) = 2n \cdot RT$　……②

①÷② のように辺々割れば

$$\frac{V_1}{3V - V_1} = \frac{3}{2} \qquad \therefore \quad V_1 = \underline{\frac{9}{5}V} \ \text{〔m³〕}$$

例題 58

体積 V 〔m³〕と $2V$ 〔m³〕の容器 A,
B が細い管でつながれている。A, B
全体で n 〔mol〕の気体を含み, 初めの
温度はともに T 〔K〕である。次に, B
内の温度は T 〔K〕に保って, A 内の

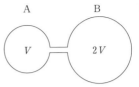

温度を $3T$ 〔K〕に上昇させる。気体定数を R〔J/(mol・K)〕とする。

(1) はじめの状態での圧力はいくらか。

(2) 後の状態での A, B 内の圧力を P 〔Pa〕, A 内の物質量を
x 〔mol〕として, A, B それぞれについて状態方程式を書け。

(3) x を n で表せ。また, A から B へ移動した物質量はいくらか。

(4) P を R, n, T, V を用いて表せ。

解

このような連結された容器では, 両側の圧力はたえず等しいこと, および
両側の気体の物質量の和は一定に保たれることが要点である。

(1) 求める圧力を P_0 とすると, A, B 全体での状態方程式は

$$P_0(V+2V)=nRT \quad \therefore \quad P_0=\frac{nRT}{3V} \text{〔Pa〕}$$

(2) A…… $\underline{PV=xR\cdot 3T}$ ………①

物質量の和が一定であるから, B 内の物質量は $n-x$ となる。

B…… $\underline{P\cdot 2V=(n-x)RT}$ ……②

(3) ①, ②から P を消去すれば $6x=n-x \quad \therefore \quad x=\frac{1}{7}n$

はじめの状態では気体分子は A, B に一様に分布し, A 内の物質量は, 体
積の割合からして, $n/3$ である。((1)の圧力を用いて A について状態方程式
を立てて求めることもできる。)

A から B へ移動した物質量は $\quad \frac{1}{3}n-\frac{1}{7}n=\frac{4}{21}n$ 〔mol〕

(4) x の値を①へ代入して $\quad P=\frac{3nRT}{7V}$ 〔Pa〕

つながれた容器では, 両側の圧力が等しい
物質量の和は一定

9 | 気体の分子運動

50. 分子の及ぼす力積 気体の圧力は，分子1個1個が容器の壁に衝突するとき壁に与える力がもとになっている。

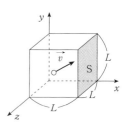

一辺が L の立方体容器に N 個の分子が入っているとする。いま，質量 m の分子が x 方向に v_x の速さで壁Sに弾性衝突すると，分子が壁に及ぼす力積の大きさは ア である。時間 t の間に分子は壁Sに イ 回衝突するから，その間にSに及ぼした力積の合計は ウ となる。

●●●

51. 圧力 N 個の分子の速度はそれぞれ異なるが，速度の2乗平均 $\overline{v^2}$ と速度成分の2乗平均 $\overline{v_x^2}$，$\overline{v_y^2}$，$\overline{v_z^2}$ との間には，$\overline{v_x^2} = \overline{v_y^2} = \overline{v_z^2} =$ エ $\times \overline{v^2}$ の関係があるから，N 個の分子が時間 t の間に壁Sに与える力積の大きさは，$\overline{v^2}$ を用いて表すと オ となる。したがって，全分子がSに与える平均の力の大きさは カ となり，気体の圧力 P は，容器の体積を $V (= L^3)$ として，次のように表される。

$$P = \boxed{\text{キ}} \quad \cdots\cdots(A)$$

解答▼解説

50. 　力積は運動量の変化を調べることにより
求まる。右図で右向きを正とすると
　　分子が受けた力積 = 分子の運動量の変化
　　　　　　　　　 $= -mv_x - mv_x = -2mv_x$

　　分子が壁Sから受ける力と，Sに与える力は作用・反作用の関係に
あり，大きさが等しく向きが反対であるから，上で求めたものの符号
を反転したものがSに与えた力積である。よって　　$\underline{2mv_x}_{(ア)}$

　　Sと衝突した分子は，x 方向に L の距離を戻って反対側の壁ではね
返り，L の距離を進んで再びSと衝突する。このように $2L$ の距離を
動くたびにSとの衝突が起こる。時間 t の間には $v_x t$ だけ動くので

　　　その間の衝突回数は　$\underline{\dfrac{v_x t}{2L}}_{(イ)}$

　　　力積の合計は，(ア)と(イ)の積より　$\underline{\dfrac{mv_x^2 t}{L}}_{(ウ)}$

● ●

51. 　三平方の定理より，$v^2 = v_x^2 + v_y^2 + v_z^2$ が成り立つ。
両辺の平均をとり，$\overline{v_y^2}$ と $\overline{v_z^2}$ を $\overline{v_x^2}$ で置き換えれば

$$\overline{v^2} = \overline{v_x^2} + \overline{v_y^2} + \overline{v_z^2} = 3\overline{v_x^2} \qquad \therefore \quad \overline{v_x^2} = \underline{\frac{1}{3}}_{(エ)} \times \overline{v^2}$$

上式で，$\overline{v_x^2} = \overline{v_y^2} = \overline{v_z^2}$ は x, y, z の三方向が物理的に同等であるこ
と(特にある方向で分子が速いとか遅いことはない)に基づいている。
　　ウの結果を平均したものを N 倍すれば，全分子がSに与える力積

となる。　$\dfrac{m\overline{v_x^2}t}{L} \times N = \underline{\dfrac{Nm\overline{v^2}t}{3L}}_{(オ)}$

　　Sに与える平均の力を F とすると，時間 t の間の力積は Ft と表さ

れる。　$Ft = \dfrac{Nm\overline{v^2}t}{3L}$ より　$F = \underline{\dfrac{Nm\overline{v^2}}{3L}}_{(カ)}$

　　また　　$P = \dfrac{F}{L^2} = \dfrac{Nm\overline{v^2}}{3L^3} = \underline{\dfrac{Nm\overline{v^2}}{3V}}_{(キ)}$　　……(A)

52. 分子運動と絶対温度 前ページで得られた圧力 P の表式(A)と状態方程式 $PV = nRT$ とから，アボガドロ定数 N_A を用いて

$$\frac{1}{2}m\overline{v^2} = \boxed{\quad \text{ク} \quad} \quad \cdots\cdots(\text{B})$$

が得られる。この式より分子の運動エネルギーの平均値は $\boxed{\quad \text{ケ} \quad}$ に比例していることが分かる。（**ケ**には用語を入れよ。）

．．．

53. 分子の速さ 分子の平均的な速さは $\sqrt{\overline{v^2}}$ で表される。52の式(B)より，気体1モルの質量を M とおくと，$\sqrt{\overline{v^2}} = \boxed{\quad \text{コ} \quad}$ となる。たとえば，分子量40のアルゴン気体では，27℃のとき，$\sqrt{\overline{v^2}} = \boxed{\quad \text{サ} \quad}$ 〔m/s〕である。ただし，気体定数 R は 8 J/(mol・K) とする。

．．．

54. 内部エネルギー 気体が含む1つ1つの分子のもつ運動エネルギーの総和を気体の内部エネルギー U という。

n モルの単原子分子気体では，温度を T 〔K〕とすると，52の式(B)を用いることにより，$U = \boxed{\quad \text{シ} \quad}$ となる。気体定数を R とする。

52. $PV = nRT = \dfrac{N}{N_A}RT$ に **51** の式(A)を代入して整理すれば

$$\frac{1}{2}m\overline{v^2} = \underline{\frac{3}{2}\frac{R}{N_A}T}_{(\text{ク})} \quad \cdots\cdots\text{(B)}$$

この式は分子の運動エネルギーの平均値が<u>絶対温度</u>(ケ)に比例すること

を示している。定数 R/N_A をボルツマン定数とよび，k で表す。

> **分子の運動エネルギー**
>
> $$\frac{1}{2}m\overline{v^2} = \frac{3}{2}\frac{R}{N_A}T = \frac{3}{2}kT$$

● ●

53. $\sqrt{\overline{v^2}} = \sqrt{\dfrac{3RT}{N_A m}} = \underline{\sqrt{\dfrac{3RT}{M}}}_{(\text{コ})}$

アルゴン 1 モルは，40 g であり，M の単位は〔kg〕であることに注意

して

$$\sqrt{\overline{v^2}} = \sqrt{\frac{3 \times 8 \times (273 + 30)}{40 \times 10^{-3}}} \fallingdotseq \underline{4.2 \times 10^2}_{(\text{サ})} \, \text{〔m/s〕}$$

● ●

54. $U = N \times \dfrac{1}{2}m\overline{v^2} = N \times \dfrac{3}{2}\dfrac{R}{N_A}T$

$n = \dfrac{N}{N_A}$ より　　$U = \underline{\dfrac{3}{2}nRT}_{(\text{シ})}$

> **内部エネルギー**
>
> $$U = \frac{3}{2}nRT \quad \text{（単原子分子気体）}$$

一般に（2原子分子などでも），内部エネルギーは物質量と絶対温度の

積に比例する。

10　熱　力　学

55.　気体の仕事　気体は　ア　するとき外へ仕事をし，　イ　されるとき外から仕事をされる。

　1気圧 $\fallingdotseq 10^5$ Pa の一定の圧力のもとで，気体の体積が $1L = 10^{-3}m^3$ から $3L = 3 \times 10^{-3}m^3$ に増加した。このとき，気体のした仕事は　ウ　〔J〕である。

　一般に，仕事の大きさは $P-V$ グラフ（圧力 $-$ 体積グラフ）の　エ　で示される。

●●

56.　熱力学第1法則　気体が 100 J の熱を吸収し，外に 300 J の仕事をした場合の内部エネルギーの変化は　ア　J であり，気体の温度は　イ　している。また，内部エネルギーの変化が $+20$ J であり，気体が 50 J の仕事をされている場合には，気体は熱を　ウ　し，その大きさは　エ　J である。

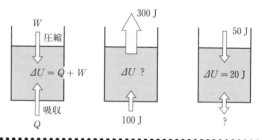

●●

57.　気体の比熱　気体の定積モル比熱を C_V〔J/(mol・K)〕，定圧モル比熱を C_P〔J/(mol・K)〕とする。n モルの気体の温度を定積変化により $\varDelta T$〔K〕だけ増加させるのに必要な熱量は　ア　〔J〕であり，この同じ熱量を定圧変化のもとで加えると温度の増加は　イ　〔K〕となる。

　気体定数を R とすると，C_V と C_P の間には，$C_P =$　ウ　の関係がある。また，単原子分子からなる気体では，$C_V =$　エ　，$C_P =$　オ　となっている。

—104—

解答▼解説

55. (ア) 膨張　(イ) 圧縮

(ウ) 一定圧力 P のもとで $\varDelta V$ だけ体積を変えたときの仕事は右のように表される。

$$W' = P\varDelta V$$
$$= 10^5 \times (3 \times 10^{-3} - 10^{-3})$$
$$= \underline{2 \times 10^2}\,(\text{J})$$

(エ) 面積

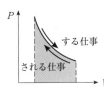

定圧変化
する仕事　$W' = P\varDelta V$
される仕事 $W = -P\varDelta V$

56. 第1法則は気体がある状態から別の状態に状態変化していく間のエネルギー保存を表している。内部エネルギーの変化を $\varDelta U$，吸収する熱量を Q，される仕事を W（または する仕事を W'）として

熱力学第1法則

$$\varDelta U = Q + W \quad \text{または} \quad Q = \varDelta U + W'$$
増加　吸収　される　　　　　　吸収　増加　する
（添字は符号が正の場合）

熱を放出した場合は Q を負とするなど，各項は符号つきである。

$$\varDelta U = Q + W = (+100) + (-300) = \underline{-200}_{(ア)}\,(\text{J})$$

$\varDelta U < 0$ は $\varDelta T < 0$ を意味するので，温度は降下$_{(イ)}$

$$(+20) = Q + (+50) \quad \therefore \quad Q = -30\,(\text{J})$$

符号マイナスは熱の放出$_{(ウ)}$を表し，その量は$\underline{30}_{(エ)}$(J) である。

57. 定積変化と定圧変化に対してだけは熱量 Q を表す式がある。

$$Q = \underline{nC_V\varDelta T}_{(ア)}$$
$Q = nC_P\varDelta T'$ と (ア)より

$$\varDelta T' = \frac{C_V}{C_P}\varDelta T_{(イ)}$$

$$C_P = \underline{C_V + R}_{(ウ)}$$

$$C_V = \underline{\frac{3}{2}R}_{(エ)}, \quad C_P = \underline{\frac{5}{2}R}_{(オ)}$$

モル比熱
定積　$Q = nC_V\varDelta T$
定圧　$Q = nC_P\varDelta T$
　　　$C_P = C_V + R$
単原子分子なら
$$C_V = \frac{3}{2}R \quad C_P = \frac{5}{2}R$$

---例題--- 59

気体の体積を一定に保って圧力を増した場合について，以下の量は正，0，負のいずれとなるか答えよ。

(1) 気体が外にする仕事　　(2) 内部エネルギーの変化

(3) 気体が吸収する熱量

解

(1) 定積変化では気体は膨張も圧縮もなく仕事は <u>0</u>

(2) 状態方程式 $PV = nRT$ で，V と nR は一定なので，P と T は比例していることが分かる。P が増しているので T も増し，内部エネルギーは増加している。　<u>正</u>

(3) $Q = nC_V \Delta T$ および $\Delta T > 0$ より，$Q > 0$ すなわち，気体は熱を吸収している。　<u>正</u>

別解　$\Delta U = Q + W$ において $W = 0$，$\Delta U > 0$ より　$Q > 0$

---例題--- 60

ピストンのついた断面積 $5 \times 10^{-2}\,\mathrm{m^2}$ のシリンダーの中に気体を入れ，圧力を $2 \times 10^5\,\mathrm{Pa}\,(= \mathrm{N/m^2})$ に保ったまま，気体に $8 \times 10^3\,\mathrm{J}$ の熱を加えたところ，気体は膨張し，ピストンは $0.2\,\mathrm{m}$ 移動した。

(1) 気体のした仕事はいくらか。

(2) 気体の内部エネルギーの増加はいくらか。

次に，気体の温度を一定に保ったまま，気体を膨張させたら，気体は $4 \times 10^3\,\mathrm{J}$ の仕事をした。

(3) この間に気体に加えた熱量はいくらか。

解

(1) 定圧変化なので　$W_1' = P\Delta V = 2 \times 10^5 \times 5 \times 10^{-2} \times 0.2 = \underline{2 \times 10^3}\,\mathrm{(J)}$

(2) $\Delta U_1 = Q_1 + W_1 = Q_1 - W_1' = 8 \times 10^3 - 2 \times 10^3 = \underline{6 \times 10^3}\,\mathrm{(J)}$

(3) 温度が一定なので内部エネルギーは変化しない。　$\Delta U_2 = 0$
$$0 = Q_2 + W_2 = Q_2 - 4 \times 10^3 \quad \text{より} \quad Q_2 = \underline{4 \times 10^3}\,\mathrm{(J)}$$

定積は $W = 0$，定圧は $W' = P\Delta V$，等温は $\Delta U = 0$

例題 ❻❶

質量 M〔kg〕のなめらかに動くピストンを付けた断面積 S〔m²〕のシリンダー内に単原子分子からなる理想気体が n〔mol〕入っている。気体のはじめの温度は T_1〔K〕であり，ゆっくりと加熱して温度を T_2〔K〕まで上昇させた。大気圧を P_0〔Pa〕，気体定数を R〔J/(mol·K)〕，重力加速度の大きさを g〔m/s²〕とする。

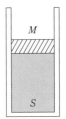

(1) はじめの気体の体積はいくらか。

(2) 気体の内部エネルギーの増加はいくらか。

(3) 気体のした仕事はいくらか。

(4) 気体に加えた熱量はいくらか。

解

(1) 圧力を P とすると，ピストンのつり合いは

$$PS = P_0 S + Mg \quad \therefore \quad P = P_0 + \frac{Mg}{S}$$

はじめの体積を V_1 として，状態方程式は

$$PV_1 = nRT_1 \quad \cdots\cdots ① \quad \therefore \quad \underline{V_1 = \frac{nRT_1 S}{P_0 S + Mg}}\ \text{〔m³〕}$$

(2) $\Delta U = \dfrac{3}{2}nRT_2 - \dfrac{3}{2}nRT_1 = \underline{\dfrac{3}{2}nR(T_2 - T_1)}\ \text{〔J〕}$

(3) ピストンのつり合いはたえず成り立ち，気体は定圧変化を行う。

あとの体積を V_2 とすると $PV_2 = nRT_2 \quad \cdots\cdots ②$

気体のした仕事は $W' = P\Delta V = P(V_2 - V_1)$

ここで ①，②を用いると $\underline{W' = nR(T_2 - T_1)}\ \text{〔J〕}$

(4) 単原子分子気体だから $C_P = \dfrac{5}{2}R$ より

$$Q = nC_P\Delta T = \underline{\dfrac{5}{2}nR(T_2 - T_1)}\ \text{〔J〕}$$

別解 $\Delta U = Q + W = Q - W'$ より $Q = \Delta U + W'$

右辺に (2)，(3) の結果を代入すればよい。

ココが
ポイント
熱力学の式の Δ は いつも （後）－（はじめ）

定積モル比熱 C_V，定圧モル比熱 C_P の気体が n モルある。

体積を一定に保って温度を ΔT だけ上昇させるとき，

(1) 内部エネルギーの増加はいくらか。

圧力を一定に保って温度を ΔT だけ上昇させるとき，

(2) 内部エネルギーの増加はいくらか。

(3) 気体がした仕事を ΔT と気体定数 R を用いて表せ。

(4) 以上の結果を用いて，C_V と C_P の間に成り立つ式を求めよ。

解

(1) 定積変化での仕事は 0 だから，第 1 法則より $\Delta U_1 = Q_1$
   一方，定積モル比熱が C_V だから $Q_1 = nC_V\Delta T$
   $$\therefore \quad \underline{\Delta U_1 = nC_V\Delta T}$$

(2) 内部エネルギーは温度で決まる。したがって，内部エネルギーの差は温度差で決まり，その間の状態変化が何であったかには関係しない。(1)と同じく ΔT だけの温度差があるので，この定圧変化の場合もやはり
   $$\Delta U_2 = \Delta U_1 = \underline{nC_V\Delta T}$$

   結局，$\Delta U = nC_V\Delta T$ はどのような状態変化にも用いてよいことになる。これは是非覚えておくこと。（一方，$Q = nC_V\Delta T$ は定積変化の熱量計算にしか用いられない——念のため。）

(3) はじめと後の状態方程式をそれぞれ書いてみると
   $$はじめ\cdots\cdots\cdots PV = nRT \qquad\qquad \cdots\cdots①$$
   $$後\cdots\cdots\cdots\cdots\cdots P(V + \Delta V) = nR(T + \Delta T) \quad \cdots\cdots②$$
   $$②-①より \quad P\Delta V = nR\Delta T \qquad\qquad \cdots\cdots③$$
   気体のした仕事は $W_2' = P\Delta V = \underline{nR\Delta T}$

(4) 第 1 法則は $\Delta U_2 = Q_2 + W_2 = Q_2 - W_2'$
   定圧変化なので $Q_2 = nC_P\Delta T$，ΔU_2，W_2' に(2)，(3)の結果を代入すると
   $$nC_V\Delta T = nC_P\Delta T - nR\Delta T$$
   $$\therefore \quad \underline{C_V = C_P - R}$$

どんな変化であれ，$\Delta U = nC_V\Delta T$

(例題) **63**

気体の状態を，定積 (A → B)，定圧 (B → C)，断熱 (C → D)，等温 (D → A) の各過程を経て順次変化させた。図はその P–V グラフである。

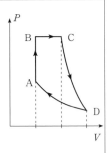

(1) 気体が外から仕事をされた過程はどれか。

(2) 気体が外へした仕事の量が最も大きな過程はどれか。

(3) 気体が熱を放出した過程はどれか。

(4) 気体の内部エネルギーが減少した過程はどれか。

(解)

(1) 仕事をされるのは圧縮されるときで (V が減少)　<u>D → A</u>

(2) 仕事をするのは膨張のときであり，B → C と C → D が該当する。一方，仕事量は PV グラフの面積で表されるので，右図から <u>B → C</u> で最大の仕事をしたことが分かる。

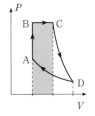

(3) まず，断熱変化 C → D は文字通り気体は外部と熱のやりとりをしないということで除かれる。次に，定積変化 A → B と定圧変化 B → C では，それぞれ $Q = nC_V \Delta T$，$Q = nC_P \Delta T$ が成り立つので，Q の符号は ΔT の符号で決めることができる。つまり，温度上昇なら吸熱，温度下降なら放熱である。$PV = nRT$ において，A → B では V が一定で P が増加，つまり T が増加している。B → C では P が一定で V が増加，やはり T が増加している。つまり，いずれも吸熱の過程である。残る D → A は，等温変化で $\Delta U = 0$。第 1 法則は $0 = Q + W$ となるが，圧縮されているので W は正，よって $Q < 0$ 。<u>D → A</u> が放熱の過程である。

(4) 内部エネルギーの減少は温度降下に対応する。(3)でみたように，A → B，B → C (昇温)，D → A (等温) は除かれる。C → D は断熱変化なので $Q = 0$ 。第 1 法則は $\Delta U = W$，膨張しているので W は負，よって

$\Delta U < 0$　∴　<u>C → D</u>

このように断熱膨張では温度が下がり，反対に断熱圧縮では温度が上がることは知っておくとよい。

例題 64

単原子分子理想気体の圧力と体積を図のように変化させた。A→B 間で気体が外にした仕事は [ア] であり，吸収した熱量は [イ] である。また，B→C 間での仕事は [ウ] であり，吸収した熱量は [エ] である。A→B→C→D→A の 1 サイクルで気体は実質的に(オ){①外へ仕事をし，②外から仕事をされ}，その仕事量は [カ] である。

解

(ア) 定圧変化だから　$W' = P\Delta V = P(4V - V) = \underline{3PV}$

あるいは，グラフの面積から求めてもよい。

(イ) 単原子分子気体なので $C_P = \dfrac{5}{2}R$，　A，B の温度を T_A，T_B とおくと

$$Q = nC_P\Delta T = n \cdot \frac{5}{2}R(T_B - T_A) \qquad \cdots\cdots①$$

また，状態方程式は　A$\cdots\cdots$ $PV = nRT_A$ $\qquad \cdots\cdots②$

$\qquad\qquad\qquad\qquad$ B$\cdots\cdots$ $P \cdot 4V = nRT_B$ $\qquad \cdots\cdots③$

$$\therefore\quad Q = \frac{5}{2}(nRT_B - nRT_A) = \frac{5}{2}(4PV - PV) = \underline{\frac{15}{2}PV}$$

(ウ) 定積変化だから　$\underline{0}$

(エ) 単原子分子気体なので $C_V = \dfrac{3}{2}R$，　C の温度を T_C とおくと

$$Q = nC_V\Delta T = n \cdot \frac{3}{2}R(T_C - T_B) \qquad \cdots\cdots④$$

状態方程式は　C$\cdots\cdots$ $2P \cdot 4V = nRT_C$ $\qquad \cdots\cdots⑤$

③，④，⑤より　$Q = \dfrac{3}{2}(nRT_C - nRT_B) = \dfrac{3}{2}(8PV - 4PV) = \underline{6PV}$

(オ) A→B（膨張）で外へ仕事をし，C→D（圧縮）で外から仕事をされている。それぞれの仕事量は PV グラフの面積で表され，C→D の方が図の斜線部だけ大きい。よって　$\underline{②}$

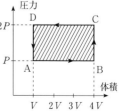

(カ) 斜線部の面積より

$$(2P - P) \times (4V - V) = \underline{3PV}$$

—110—

例題 65

単原子分子気体の状態を図のように
A → B → C → A と1サイクルさせた。
B → C 間は等温変化であり，この間に気
体に Q_0〔J〕の熱量を加えている。気体
定数を R〔J/(mol・K)〕とする。

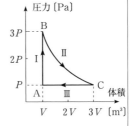

(1) A → B 間で気体に加えた熱量はい
くらか。

(2) B → C 間で気体がした仕事はいくらか。

(3) C → A 間で気体がした仕事はいくらか。

(4) 1サイクルの間に気体が実質的に外へした仕事量を高熱源から
受けとった熱量（本当に吸収した熱量）で割った値を熱効率とい
う。このサイクルの熱効率はいくらか。

解

(1) 定積変化だから，A，B の温度を T_A，T_B とおくと

$$Q_I = nC_V\Delta T = n \cdot \frac{3}{2}R(T_B - T_A) = \frac{3}{2}(nRT_B - nRT_A) \quad \cdots\cdots ①$$

$$= \frac{3}{2}(3P \cdot V - PV) \quad \cdots\cdots ②$$

$$= \underline{3PV}\ 〔J〕$$

①から②へは A，B での状態方程式を利用している。

(2) 等温変化だから $\Delta U_{II} = 0$　第1法則は，外へした仕事を W'_{II} として

$$0 = Q_{II} + W_{II} = Q_0 - W'_{II} \quad \therefore \quad W'_{II} = \underline{Q_0}\ 〔J〕$$

(3) 定圧変化だから $W'_{III} = P\Delta V = P(V - 3V) = \underline{-2PV}\ 〔J〕$

C → A 間は圧縮であり，気体は仕事をされているので，「した仕事」を
尋ねられたときはマイナスを付けて答えることになる。

(4) A → B 間は定積で仕事は0なので，気体が1サイクルの間で実質外に
した仕事 W' は，$W' = W'_{II} + W'_{III} = Q_0 - 2PV$ これは，グラフ上では
A，B，C 3点で囲まれる三角形状の面積に相当している。C → A 間（定
圧）では温度が下がるので気体は熱を放出している。よって，熱効率 e は

$$\textbf{熱効率}\ e = \frac{\textbf{1サイクルでした仕事}}{\textbf{真に吸収した熱量}} = \frac{W'}{Q_I + Q_{II}} = \underline{\frac{Q_0 - 2PV}{3PV + Q_0}}$$

1 mol の単原子分子気体の圧力と温度を図のように変えた。B → C 間で気体が外部へした仕事は W_0 であった。気体定数を R とする。

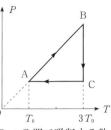

この変化を圧力一体積グラフにしてみると，下の図 ┃ ア ┃ のようになる。A → B 間で気体が外部へする仕事は ┃ イ ┃ であり，吸収する熱量は ┃ ウ ┃ である。また，B → C 間で吸収する熱量は ┃ エ ┃ である。C → A 間では ┃ オ ┃ の熱量を放出し，外部から ┃ カ ┃ の仕事をされている。

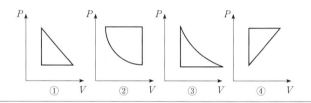

① V ② V ③ V ④ V

解

(ア) B → C 間が等温，C → A 間が定圧であることは与えられたグラフからすぐに分かる。問題はA → B 間であるが，P と T が正比例していることに注意する。状態方程式 $PV = nRT$ を思い浮かべてみると，P と T が比例するのは V が一定のときである。つまり，A → B 間は定積である。あとは，等温変化では $PV = nRT =$ 一定となり，PV グラフ上では直角双曲線となることに注意する。 答は ③

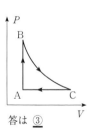

(イ) 定積だから 0

(ウ) $Q = nC_V\Delta T = 1\cdot\dfrac{3}{2}R(3T_0 - T_0) = 3RT_0$

(エ) 等温だから，熱力学の第 1 法則より $0 = Q + (-W_0)$ ∴ $Q = W_0$

(オ) 定圧だから $Q = nC_P\Delta T = 1\cdot\dfrac{5}{2}R(T_0 - 3T_0) = -5RT_0$

符号マイナスは放出を表すので，答は $5RT_0$

(カ) 定圧だから $P\Delta V = nR\Delta T$ （P108 例題 62 の(3)を参照）
∴ $W = -P\Delta V = -nR\Delta T = -1\cdot R(T_0 - 3T_0) = 2RT_0$

例題 **67**

図のように，気体の状態を A → B →
C → A と変えた。この 1 サイクルについ
て，以下の量を求めよ。

(1) 内部エネルギーの変化
(2) 外へした実質の仕事
(3) 差し引き吸収した熱量
(4) B → C 間を等温変化に置き換える
　と，実質の仕事は増すか，減るかを答
　えよ。

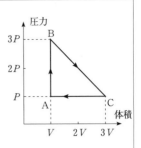

解

(1) A から出発して A に戻るのだから，はじめ
　と終りの温度が同じである。よって，

　　$\Delta U = \underline{0}$

(2) B → C で外へ仕事をし，C → A で仕事をさ
　れ，それらの大きさは右の灰色部の面積で表さ
　れる。したがって，実質の仕事 W' は 2 つの差，
　つまり，△ABC の面積に相当し

　　$W' = \dfrac{1}{2}(3V - V)(3P - P) = \underline{2PV}$

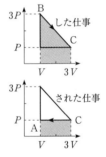

(3) 第 1 法則より　$\Delta U = Q + W = Q - W'$
　　$\therefore\ Q = \Delta U + W' = \underline{2PV}$

(4) 等温変化では $PV = (nRT =)$ 一定となり，
　グラフ上では右図のように，直角双曲線となる。
　なお，$3P \cdot V = P \cdot 3V$ から B と C の温度は等
　しくなっている。

　　このサイクルでの実質の仕事は図の灰色部の
　面積となるが，明らかにこれは △ABC の面積
　より小さい。よって，仕事量は<u>減る</u>。

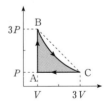

**内部エネルギーは温度に着目する
1 サイクルでは $\Delta U = 0$**

例題 68

断熱材でできた容器に，単原子分子からなる気体 n モルをつめ，やはり断熱材のピストンで圧縮した。このとき気体になされた仕事の大きさを W 〔J〕とすると，気体の温度変化はいくらか。増加のときを正，減少のときを負として符号をつけて答えよ。気体定数を R 〔J/(mol·K)〕とする。

解

断熱変化だから　$Q = 0$

単原子分子気体だから，$U = \dfrac{3}{2}nRT$ より　$\varDelta U = \dfrac{3}{2}nR\varDelta T$

(比例のときは変数に $\varDelta$ をつけてよい。あるいは，$\varDelta U = nC_V\varDelta T = n \cdot \dfrac{3}{2}R\varDelta T$ と求めてもよい。)

第 1 法則より　$\varDelta U = Q + W$

$$\dfrac{3}{2}nR\varDelta T = 0 + W$$

$$\therefore \quad \varDelta T = +\dfrac{2W}{3nR} \text{〔K〕}$$

このように，断熱圧縮では温度が上昇する。

断熱は $Q = 0$

断熱圧縮は温度上昇，断熱膨張は温度降下

例題 ⑥⑨

断熱変化では，圧力 P と体積 V の間に，$PV^\gamma =$ 一定（γ は比熱比とよばれる定数で，$\gamma = C_P/C_V$）の関係が成立している。

(1) 単原子分子気体の γ はいくらか。

圧力 P_0，体積 V_0，絶対温度 T_0 のネオン気体の体積を $\frac{1}{8}V_0$ まで断熱圧縮した。

(2) 圧力はいくらになったか。

(3) 温度はいくらになったか。

解

(1) $\gamma = \dfrac{C_P}{C_V} = \dfrac{\frac{5}{2}R}{\frac{3}{2}R} = \underline{\dfrac{5}{3}}$

(2) ネオンは単原子分子気体だから（ヘリウム He，ネオン Ne，アルゴン Ar が単原子分子であることは知っておくこと），$\gamma = 5/3$

$$P_0 V_0^{\frac{5}{3}} = P\left(\frac{V_0}{8}\right)^{\frac{5}{3}}$$

$8 = 2^3$ に注意すれば　　$P_0 V_0^{\frac{5}{3}} = \dfrac{1}{2^5}PV_0^{\frac{5}{3}}$

$$\therefore\quad P = \underline{32P_0}$$

(3) はじめの状態方程式は　　　$P_0 V_0 = nRT_0$ ……… ①

後のそれは　　　　　　　$32P_0 \cdot \dfrac{V_0}{8} = nRT$ ……… ②

$\dfrac{②}{①}$ より　$4 = \dfrac{T}{T_0}$　　　$\therefore\quad T = \underline{4T_0}$

以上のように，$\boldsymbol{PV^\gamma =}$ **一定** は断熱変化の状態間をつなぐ関係式であり，状態方程式 $PV = nRT$ は個別の状態ごとに成り立つ式である。それぞれ性格の異なる式である。

断熱材で作られた体積 $2V$ と $3V$ の2つの容器があり，左側には温度 T，圧力 P の理想気体を入れ，右側は真空にしておく。コックを開くと気体は全体に拡がるが，その温度はいくらになるか。また，圧力はいくらになるか。

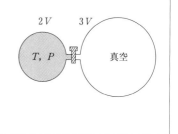

2V　　3V

T, P 　　真空

解

理想気体が断熱容器の真空部分へ拡がっていくときには温度は変わらない。よって，温度は $\underline{T}$ のままである。

これは第1法則に基づいている。まず，断熱なので $Q=0$。気体は容器の壁に力を加えるが壁を動かすわけではないのでその仕事は 0（仕事はピストンを動かすことによって生じていたことに注意）。よって，$\Delta U=0+0=0$ つまり，温度は変化しない。

はじめの状態方程式は	$P \cdot 2V = nRT$	………①
あとのそれは	$P' \cdot 5V = nRT$	………②
①，②より	$P \cdot 2V = P' \cdot 5V$	

$$\therefore \quad P' = \underline{\frac{2}{5}P}$$

なお，このような場合は気体全体の圧力が一様には変わっていないので，$PV^\gamma = $ 一定 は成り立たない。

真空への拡散　⇨　温度は不変
（断熱容器）

例題 **71**

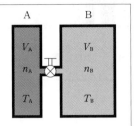

体積 V_A〔m³〕と V_B〔m³〕の断熱容器 A, B がコックのついた細い管で結ばれている。

はじめ, コックは閉じられ, A には n_A〔mol〕, T_A〔K〕の気体が, B には n_B〔mol〕, T_B〔K〕の気体が入っている。コックを開くと気体が入り混じり, やがて平衡状態となった。気体は単原子分子から成り, 気体定数を R〔J/(mol·K)〕とする。

(1) はじめの気体の内部エネルギーの和はいくらか。

(2) 平衡状態での温度はいくらか。

(3) 平衡状態での圧力はいくらか。

解

(1) $\dfrac{3}{2}n_A R T_A + \dfrac{3}{2}n_B R T_B = \underline{\dfrac{3}{2}R(n_A T_A + n_B T_B)}$〔J〕

(2) 断熱容器での気体の混合では内部エネルギーの和が変わらない。なぜなら, 断熱だから $Q=0$, 容器は圧縮・膨張しないので $W=0$, よって, 熱力学第1法則より

$$\Delta U = Q + W = 0 + 0 = 0$$

全体の温度はやがて一様となるので, 求める温度を T とすると

$$\dfrac{3}{2}n_A R T_A + \dfrac{3}{2}n_B R T_B = \dfrac{3}{2}(n_A + n_B)RT$$

$$\therefore \quad T = \underline{\dfrac{n_A T_A + n_B T_B}{n_A + n_B}}〔K〕$$

(3) 全体についての状態方程式より $P(V_A + V_B) = (n_A + n_B)RT$

(2)の T を用いれば $P = \underline{\dfrac{R(n_A T_A + n_B T_B)}{V_A + V_B}}$〔Pa〕

コックが開いていると A, B の圧力が等しくなることは既に述べた (例題58)。

断熱容器での混合 ⇒ 内部エネルギーの和が不変

58. 波の要素 図は x 軸の正方向に進む振動数 $f = 4$〔Hz〕の正弦波である。振幅 A, 波長 λ, 周期 T, 波の速さ v はそれぞれいくらか。

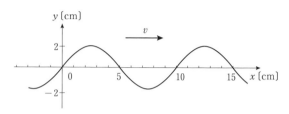

59. 横波と縦波 弦を伝わる波のように媒質の振動方向と波の進行方向が垂直な波を ア と呼び,音波のように媒質の振動方向と波の進行方向が平行な波を イ と呼ぶ。

★ **60. 波形のグラフ** 図は x 軸の正方向に進む正弦波の,時刻 $t = 0$〔s〕における変位 y〔cm〕を表したグラフ (波形のグラフ) である。$t = 0$〔s〕における位置 x〔m〕の媒質の変位 y〔cm〕は次のように表される。

$$y = \boxed{\quad ア \quad} \sin \left(\boxed{\quad イ \quad} x \right)$$

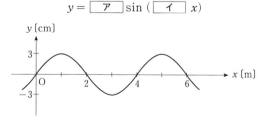

解答▼解説

58.　振幅は変位の最大値である。$A = \underline{2}$〔cm〕
隣りあう山と山または谷と谷の間の距離を
波長と呼ぶ。

> **波の基本式**
>
> $$v = f\lambda = \frac{\lambda}{T}$$

$\lambda = \underline{10}$〔cm〕　　$T = \dfrac{1}{f} = \dfrac{1}{4} = \underline{0.25}$〔s〕

$v = f\lambda = 4 \times 10 = \underline{40}$〔cm/s〕

59.　媒質の振動方向（変位）と波の伝わる方向が垂直な波を<u>横波</u>(ア)と
呼ぶ。媒質の振動方向（変位）と波の伝わる方向が平行な波を<u>縦波</u>(イ)
<u>（疎密波）</u>と呼ぶ。縦波はそのままではわかりにくいので，変位を90
度回転させて横波のように表すことが多い。

横　波

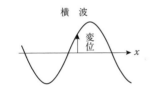

縦　波

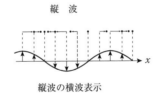

縦波の横波表示

★　60.　振幅 A，波長 λ の正弦波のある時刻における波形のグラフ
（位置 x の変位 y を表すグラフ）は，次式で表される。

> **波形の式**
>
> $$y = A\sin\left(\frac{2\pi}{\lambda}x + \theta_0\right)$$
>
> θ_0 は定数

$A = 3$〔cm〕，$\lambda = 4$〔m〕，$\theta_0 = 0$　なので，変位 y〔cm〕は

$$y = 3\sin\frac{2\pi}{4}x$$

$$= \underline{3}_{(ア)}\sin\frac{\underline{\pi}}{\underline{2}}_{(イ)}\,x$$

★ **61.　波の式**　$+x$ 方向に進む正弦波の振幅を A，波長を λ，周期を T とする。次の波の式の空欄を埋めよ。

$$y = \boxed{\quad \text{ア} \quad} \sin \left(\boxed{\quad \text{イ} \quad} t - \boxed{\quad \text{ウ} \quad} x \right)$$

● ●

62.　波の反射　右に進む正弦波が壁で反射している。図はある瞬間の入射波である。

自由端反射をするとすれば，同位相（同じ変位）で反射するので，反射波は図 $\boxed{\quad \text{ア} \quad}$ のようになる。

入射波

固定端反射をするとすれば，逆位相（変位の正負が逆）になって反射するので，反射波は図 $\boxed{\quad \text{イ} \quad}$ のようになる。

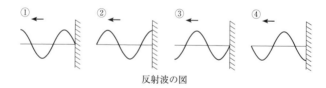

① ② ③ ④

反射波の図

61. 正弦波の位置 x における時刻 t での変位 y は

波の式

$$y = A\sin\left\{2\pi\left(\frac{t}{T} \mp \frac{x}{\lambda}\right) + \theta_0\right\} \quad \cdots \quad \begin{cases} - : +x\text{方向へ伝わるとき} \\ + : -x\text{方向へ伝わるとき} \end{cases}$$

θ_0 は初期位相

上式で $\theta_0 = 0$ として，$y = A\sin 2\pi\left(\dfrac{t}{T} - \dfrac{x}{\lambda}\right)$

$$= \underline{A}_{(\mathcal{P})}\sin\left(\underline{\frac{2\pi}{T}}_{(\mathcal{A})}\,t - \underline{\frac{2\pi}{\lambda}}_{(\mathcal{D})}\,x\right)$$

・・・

62. **自由端反射**……**同位相で反射する**（波の山は山のままで，谷は谷のままで反射する）。

〔作図法〕 壁がないと仮定して入射波を延長し，それを壁に関して折り返した形が反射波。

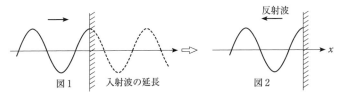

図1　　入射波の延長　　　　図2

固定端反射……**逆位相になって反射する（半波長分のずれが生じる）**
（波の山は谷となって，谷は山となって反射する）。「位相が π〔rad〕ずれる」と表現されることもある。

〔作図法〕 自由端反射の反射波（図2）をさらに x 軸に関して折り返した形が固定端反射の反射波（図3）。

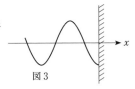

図3

(ア)　$\underline{\textcircled{2}}$

(イ)　$\underline{\textcircled{4}}$

63. **定常波（定在波）**　定常波において，変位が常に 0 の点を 　ア　 ，
最も大きく振動する点を 　イ　 という。波長を λ とすると，それぞ
れの間隔はともに 　ウ　 である。

63. 振幅，周期，波長の等しい2つの進行波が，互いに逆向きに進んで重なり合うと定常波ができ，下図のように表す。変位が常に0の点を節_(ア)，最も大きく振動する点を腹_(イ)という。それぞれの間隔は$\frac{\lambda}{2}$_(ウ)である。

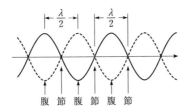

基

図は $+x$ 方向に進む周期 2〔s〕の正弦波の，ある瞬間における波形を示している。

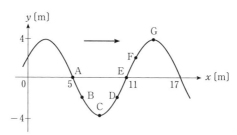

(1) 振幅，波長，波の速さを求めよ。

(2) この波は横波であるとして，点 A～G の中で(ア)～(ウ)にあてはまる点をそれぞれ求めよ。

　(ア) 媒質の速度が 0 である点

　(イ) 媒質の速さが最大である点

　(ウ) 媒質の速度の向きが $+y$ 方向である点

解

(1) 振幅 $A = \underline{4〔\text{m}〕}$　波長 λ は　$\lambda = 17 - 5 = \underline{12〔\text{m}〕}$

　波の速さ v は　$v = f\lambda = \dfrac{\lambda}{T} = \dfrac{12}{2} = \underline{6〔\text{m/s}〕}$

(2) (ア)　媒質は単振動を行っている。単振動で速度が 0 となるのは，変位の大きさが最大のとき（中心からの距離が最大のとき）であるから，答は点 C と点 G。

(イ)　点 A と点 E は単振動の振動中心にあるので，媒質の速さは最大になっている。

(ウ)　速度の向きは，少し時間が経過したときの波形を描いて調べる（右図の破線の波形）。点 A と点 B の媒質の速度の向きが $+y$ 方向である。

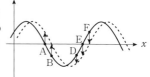

　媒質の速度の向きは，波形を少し進めて調べる。

例題 **73**

x 軸の正方向へ伝わる正
弦波の横波がある。実線は
時刻 $t=0$〔s〕における波
形を表し，点線は $t=2.5$
〔s〕における波形を表して

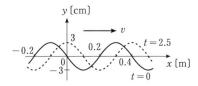

いる。この間に原点 O の媒質は，一度だけ変位が $y=-3$〔cm〕に
なったという。

(1)　この波の速さ v〔m/s〕と周期 T〔s〕を求めよ。

(2)　$t=0$〔s〕において，$x=2.5$〔m〕の位置での変位はいくらか。

(3)　位置 $x=0.3$〔m〕における次の各時刻での媒質の変位を求めよ。

　　㋐　$t=1$〔s〕　　㋑　$t=1.5$〔s〕　　㋒　$t=5$〔s〕

解

(1)　原点 O の変位が一度だけ
$y=-3$〔cm〕になったというこ
とから，右図の実線の波が 2.5
〔s〕後に点線の波になったことが
わかる。2.5〔s〕間に 0.5〔m〕進
んでいるので，$v=0.5÷2.5=\underline{0.2 \text{〔m/s〕}}$

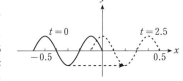

　　波長は $λ=0.4$〔m〕であるから，

$$T=\frac{λ}{v}=\frac{0.4}{0.2}=\underline{2 \text{〔s〕}}$$

(2)　$2.5=2.4+0.1=6λ+\dfrac{1}{4}λ$ より

$x=2.5$〔m〕付近の波の様子は右
図のようになる。$x=2.5$〔m〕で
の変位は　$y=\underline{-3 \text{〔cm〕}}$

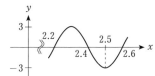

(3)　$t=0$〔s〕での変位は $y=3$〔cm〕
であるから，1 周期における変位は右図のようになる。

㋐　$y=\underline{-3 \text{〔cm〕}}$

㋑　$y=\underline{0 \text{〔cm〕}}$

㋒　5〔s〕$=2T+\dfrac{1}{2}T$ より $t=5$〔s〕の変位は $\dfrac{1}{2}$ 周期

$(=1$〔s〕$)$ 後の変位と同じである。$y=\underline{-3 \text{〔cm〕}}$

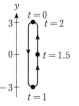

例題 **74**★

x 軸の正方向に速さ $v=10$〔cm/s〕で伝わる正弦波がある。図は原点 O $(x=0$〔cm〕)における, 変位 y〔cm〕と時刻 t〔s〕との関係を表す。

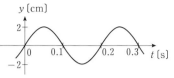

(1) 周期 T は何秒か。　　(2)　波長 λ は何 cm か。

(3) 時刻 $t=0$〔s〕における変位 y〔cm〕と位置 x〔cm〕の関係 (波形) を表すグラフは次のどれか。

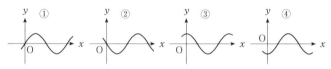

(4) 原点 O におけるある変位が, x 軸上の座標 x〔cm〕の点に伝わるのに何秒かかるか。

(5) 座標 x〔cm〕の点の時刻 t〔s〕における変位 y〔cm〕を求めよ。

解

(1)　$T=\underline{0.2}$〔s〕　　(2)　$\lambda=vT=10\times0.2=\underline{2}$〔cm〕

(3)　原点 O では $t=0$〔s〕において $y=0$〔cm〕であり, その後, 変位 y は正になることから, 答は②

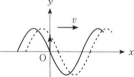

（実線は $t=0$〔s〕での波形。点線は少し時間がたったときの波形。原点での変位は $y=0$〔cm〕から正の向きに大きくなる。）

(4)　$\dfrac{x}{v}=\underline{\dfrac{x}{10}}$〔s〕

(5)　O における時刻 t〔s〕の変位 y_0〔cm〕は, $y_0=2\sin\dfrac{2\pi}{0.2}t=2\sin10\pi t$ と書ける。求める y は, O における時刻 $\left(t-\dfrac{x}{10}\right)$〔s〕での変位に等しいから

$$y=2\sin10\pi\left(t-\dfrac{x}{10}\right)$$

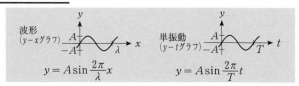

波形
($y-x$ グラフ)

$$y=A\sin\dfrac{2\pi}{\lambda}x$$

単振動
($y-t$ グラフ)

$$y=A\sin\dfrac{2\pi}{T}t$$

—126—

例題 **75**

　図は，A 点から出て右向きに進む縦波を横波の形に表したものである。右向きの変位を上向きにとっている。A 点から H 点のうちで次の(1)〜(5)にあてはまる点はどこか。

(1)　変位 0 の点　　(2)　左向きの変位が最大の点

(3)　最も密の点　　(4)　最も疎の点

(5)　右向きの速度が最大の点

解

　A 点から H 点までの各点の媒質の実際の位置は次図の黒点で示される。

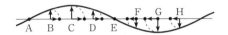

(1)　<u>A 点と E 点</u>　　(2)　<u>G 点</u>

(3)　E 点を中心に両側から媒質が寄ってきていることがわかる。答は <u>E 点</u>。

(4)　E 点と逆に A 点を中心に媒質が離れている。答は <u>A 点</u>。

(5)

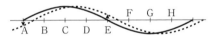

　媒質の速度の大きさが最大である点は変位が 0 の A 点と E 点である。速度の向きを調べるため，波を少し進めてみる（点線で表したもの）。縦波表示に直すと，E 点の速度の向きが右向きであることがわかる。よって答は <u>E 点</u>。

縦波の横波表示において
　右下がりの点……密
　右上がりの点……疎

例題 **76**

図のように，左向きに速さ 2 cm/s で進むパルス波がある。R は反射板である。図の状態から 1 秒後と 1.5 秒後の合成波を次の (1)，(2)それぞれについて描け。

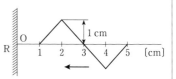

(1) R で自由端反射をする場合

(2) R で固定端反射をする場合

解

(1) 波は 1 秒間に 2 cm，1.5 秒間に 3 cm だけ左へ進むので，入射波を R がなかったと仮定して描くと図 1 のようになる。

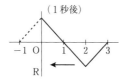 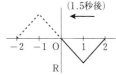

図 1

反射波は図 1 の破線部分を R に関して対称移動した図 2 のようになる。

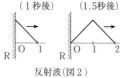

反射波(図 2)

(2) 反射波は図 1 の破線部分を点 O に関して対称移動した図 3 のようになる（図 2 を横軸に関して対称移動してもよい）。

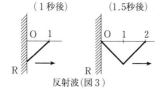

反射波(図 3)

合成波は図 1 と図 2 の波形を重ね合わせる。

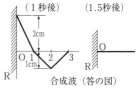

合成波 (答の図)

合成波は図 1 と図 3 の波形を重ね合わせる。

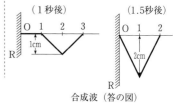

合成波 (答の図)

例題 77

x 軸上で距離 2λ だけ離れた2点に波源 P, Q があり, 振幅 A, 波長 λ, 周期 T の正弦波を発生させる。P から出た波は右方へ進み, Q から出た波は左方へ進む。P, Q は時刻 $t=0$ から同じように (同位相で) 単振動を始める。図はある時刻における波形を示している。

(1) 図の時刻はいつか。

(2) $t=2T$ および $t=2T$ $+\dfrac{T}{4}$ での PQ 間の合成波を描け。ただし反射は起こらないものとする。

(3) PQ 間に定常波の節はいくつできるか。

解

(1) 1波長の $\dfrac{3}{4}$ だけ波が生じているから, 時刻は $t=\dfrac{3}{4}T$

(2) P から出た波を細い実線で, Q から出た波を破線で表す。合成波は, この2つの波を重ね合わせたもので太い実線で示す。$t=2T$ のとき, P, Q から出た波の先端はそれぞれ 2λ だけ進んでいる。

$t=2T+\dfrac{T}{4}$ のとき, P, Q から出た波の先端はそれぞれ $2\lambda+\dfrac{\lambda}{4}$ だけ進んでいる。

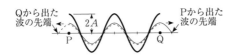

(3) (2)の $t=2T+\dfrac{T}{4}$ のときの合成波は, P, Q 間で4個所変位が0であるが, これらの点 (P からの距離が $\dfrac{\lambda}{4}$, $\dfrac{3}{4}\lambda$, $\dfrac{5}{4}\lambda$, $\dfrac{7}{4}\lambda$) では, $t=2T$ のときも変位が0である。この <u>4個</u> の点を定常波の節と呼んでいる。

64.　弦を伝わる横波の速さ　線密度〔kg/m〕と張力〔N〕が表に示すような3本の弦 A，B，C がある。弦を伝わる横波の速さが最も大きい弦は弦　［ ア ］　であり，最も小さいのは弦　［ イ ］　である。

	線密度	張力
弦 A	ρ	S
弦 B	$\dfrac{1}{2}\rho$	$2S$
弦 C	2ρ	$\dfrac{1}{2}S$

• •

65.　弦の振動　両端を固定した長さ 1.5 m の弦に，腹が3個の定常波が生じている。波の速さを 500 m/s とすれば，振動数はいくらか。

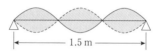

←――――― 1.5 m ―――――→

• •

66.　閉管の共鳴　長さ 0.5 m の閉管に，腹が3個の定常波が生じている。音速を 340 m/s として，振動数を求めよ。ただし，開口端における腹の管口からのずれ（開口端補正という）は無視する。また，図は縦波である音波を横波的に表示している。

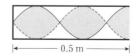

←――― 0.5 m ―――→

64. 弦を伝わる横波の速さは，線密度が小さい程大きく，また，張力が大きい程大きい。

(ア) <u>B</u>　(イ) <u>C</u>

　線密度 ρ〔kg/m〕，張力 S〔N〕の弦を伝わる横波の速さ v〔m/s〕は $v = \sqrt{\dfrac{S}{\rho}}$ で表される。

● ●

65. 波長は 1 m であるから，振動数は $f = \dfrac{500}{1} = \underline{500}$〔Hz〕

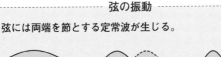

― 弦の振動 ―

弦には両端を節とする定常波が生じる。

　　基本振動　　　　2 倍振動　　　　3 倍振動

● ●

66. 定常波の節から節までは 0.2 m であり，これは半波長だから波長は 0.4 m，振動数は $f = \dfrac{340}{0.4} = \underline{850}$〔Hz〕

― 気柱の振動 1 ―

閉管には開口を腹，底を節とする定常波が生じる。

　　基本振動　　　　　3 倍振動　　　　　　5 倍振動

67. **開管の共鳴** 長さ 0.51 m の開管に，節が 3 個の定常波が生じている。音速を 340 m/s として，振動数を求めよ。ただし，開口端補正は無視する。また，図は縦波である音波を横波的に表示している。

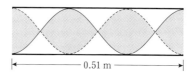

0.51 m

68. **うなり** 振動数が 450 Hz の音さと 445 Hz の音さを同時に鳴らすと，毎秒何回のうなりが聞こえるか。

67. 定常波の腹から腹までは $0.17\,\mathrm{m}$ であり，これは半波長だから波長は $0.34\,\mathrm{m}$，振動数は $f = \dfrac{340}{0.34} = \underline{1000}\ \mathrm{[Hz]}$

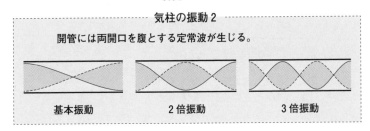

気柱の振動2

開管には両開口を腹とする定常波が生じる。

| 基本振動 | 2倍振動 | 3倍振動 |

68. 振動数が少し異なる2つの音さを同時に鳴らすと，音の強弱がくり返し聞こえる。この現象をうなりという。

うなり

$n = |f_1 - f_2|$

$450 - 445 = \underline{5}\ \text{回}$

基

例題 **78**

線密度 ρ の弦の一端をおんさにつな
ぎ，他端に質量 m のおもりをつるす。

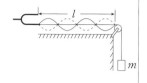

おんさを鳴らすと長さ l の部分に腹
が 4 個の定常波が生じた。弦を伝わる
波の速さは $\sqrt{\dfrac{(張力)}{(線密度)}}$ と表される。
また，重力加速度の大きさを g とする。

(1) 弦に生じている波の波長はいくらか。
(2) おんさの振動数 f_0 はいくらか。
(3) l は変えないで，腹が 2 個の定常波ができるようにするには，
おもりの質量をいくらにすればよいか。
(4) おもりの質量は m にもどし，おんさから滑車までの弦の長さ
を $l/2$ にする。腹が 1 個の定常波ができるようにするには，おん
さの振動数をいくらに変えればよいか。

基

解

(1) 節から節までの長さは $\dfrac{l}{4}$ で，これは半波長であるから，波長 λ は

$$\lambda = \underline{\dfrac{l}{2}}$$

(2) 弦はおんさに共振しているから，弦に生じている定常波の振動数は f_0
である。張力は mg なので，弦を伝わる波の速さ v は

$$v = \sqrt{\dfrac{mg}{\rho}} \quad となる。従って \quad f_0 = \dfrac{v}{\lambda} = \underline{\dfrac{2}{l}\sqrt{\dfrac{mg}{\rho}}}$$

(3) 波長が $\lambda_1 = l$ になるから，波の速さ v_1 は
$v_1 = f_0\lambda_1 = f_0 l$
おもりの質量を m_1 とすれば

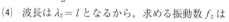

$$\dfrac{v_1}{v} = \dfrac{f_0 l}{f_0 \dfrac{l}{2}} = 2 = \sqrt{\dfrac{m_1}{m}} \quad \therefore \quad m_1 = \underline{4m}$$

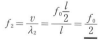

(4) 波長は $\lambda_2 = l$ となるから，求める振動数 f_2 は

$$f_2 = \dfrac{v}{\lambda_2} = \dfrac{f_0 \dfrac{l}{2}}{l} = \underline{\dfrac{f_0}{2}}$$

定常波の問題はまず図を描いて波長を調べる。

例題 79

長さ 60 cm の閉管が振動
数 420 Hz のスピーカーの音
に共鳴し，図のような音の
定常波が生じている。開口
端における腹の管口からのずれ（開口端補正）は無視してよい。

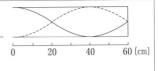

(1) 音波の波長は何 cm か。また，音速は何 m/s か。

(2) 空気の振動が最も激しい点は管口から何 cm の位置か。

(3) 空気の密度変化が最大の点は管口から何 cm の位置か。

(4) スピーカーの振動数を徐々に下げていくとき，次に共鳴すると
きの定常波の波形を描き，そのときの振動数を求めよ。

解

音波は縦波であり，閉管の中の空気は右図のように，
管の軸に平行な方向に振動している。それを横波のよ
うに表したものが，問題文中の図である。

空気の振動の方向

(1) 定常波では，隣りあう節から節までの距離が半波長分であるから，
波長 λ は　　$\lambda = 40 \times 2 = \underline{80 \, (\text{cm})}$
音速 v は　　$v = f\lambda = 420 \times 0.8 = \underline{336 \, (\text{m/s})}$

(2) 定常波では，腹の位置の媒質の振動が最も激しい。
$\underline{0 \, (\text{cm})}$ と $\underline{40 \, (\text{cm})}$

(3) 実線で表される状態から破線で表される状
態まで半周期たっているが，それぞれ右図の
ような状態である。節の位置での密度変化が
最も大きいから，　　$\underline{20 \, (\text{cm})}$ と $\underline{60 \, (\text{cm})}$

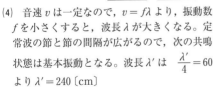

密　　疎

疎　　密

(4) 音速 v は一定なので，$v = f\lambda$ より，振動数
f を小さくすると，波長 λ が大きくなる。定
常波の節と節の間隔が広がるので，次の共鳴
状態は基本振動となる。波長 λ' は　$\dfrac{\lambda'}{4} = 60$
より $\lambda' = 240 \, (\text{cm})$

腹　　　　　　節

振動数は　$f' = \dfrac{v}{\lambda'} = \dfrac{336}{2.4} = \underline{140 \, (\text{Hz})}$

**定常波の節の位置で密度変化（圧力変化）は最大，腹の位
置で振動が最も激しい。**

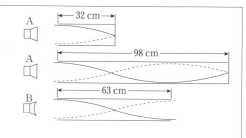

長さ 32 cm と 98 cm の 閉 管 と 63 cm の開管がある。2 つの閉管は音源 A の発する音に共鳴し，開管は音源 B の発する音に共鳴し，それぞれ図のような定常波を生じている。3 つの管とも開口端における腹の管口からのずれ（開口端補正）は等しい。

(1) 音源 A から発せられた音波の波長は何 cm か。

(2) 開口端補正は何 cm か。

(3) 音源 B から発せられた音波の波長は何 cm か。

(4) 音源 A と B を同時に鳴らすと，毎秒 4 回のうなりが聞こえた。音速は何 m/s か。

解

(1) 節から節までの距離は　$98 - 32 = 66$〔cm〕で，これは半波長分なので
$$\lambda_1 = 66 \times 2 = \underline{132}\,〔\text{cm}〕$$

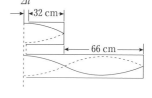

(2) 管口の腹は，わずかに管の外にある。これを開口端補正 Δl という。図より，$32 + \Delta l$〔cm〕が $\frac{1}{4}$ 波長に等しいから

$$32 + \Delta l = \frac{1}{4}\lambda_1 = 33 \qquad \therefore \quad \Delta l = \underline{1}\,〔\text{cm}〕$$

(3) 開管に生ずる定常波の腹から腹までの距離は $63 + 2\Delta l = 65$〔cm〕であり，これは半波長分なので

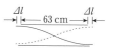

$$\lambda_2 = 65 \times 2 = \underline{130}\,〔\text{cm}〕$$

(4) 音速を V〔m/s〕とすれば，音源 A の振動数は $\frac{V}{1.32}$〔Hz〕，音源 B の振動数は $\frac{V}{1.3}$〔Hz〕であるから，毎秒のうなりが 4 回であることから

$$\frac{V}{1.3} - \frac{V}{1.32} = 4 \qquad\qquad (1.32 - 1.3)V = 4 \times 1.3 \times 1.32$$

$$V = \frac{4 \times 1.3 \times 1.32}{0.02} = 343.2 ≒ \underline{343}\,〔\text{m/s}〕$$

基

13 ドップラー効果・干渉・屈折

69. **ドップラー効果**　観測者と音源が相対的に近づくときは，音の振動数が(ア){高く，低く}聞こえ，遠ざかるときは(イ){高く，低く}聞こえる。この現象を　ウ　という。

• •

70. **ドップラー効果**　音源の振動数を $f_0 = 561$ 〔Hz〕，音速を $V = 340$ 〔m/s〕とする。次の場合，観測者が聞く音の振動数はいくらか。

(1)　音源が静止していて，観測者が速さ 8 m/s で音源から遠ざかる場合。

(2)　観測者が静止していて，音源が速さ 10 m/s で観測者に近づく場合。

(3)　音源と観測者が共に 10 m/s の速さで互いに近づく場合。

(4)　音源の速さが 17 m/s，観測者の速さが 4 m/s で互いに遠ざかる場合。

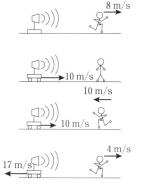

解答▼解説

69. ドップラー効果

$$f = \frac{V-u}{V-v}f_0$$

$\left(\begin{array}{l} u,\ v \text{の符号は音波が伝わる}\\ \text{向きを正とする。}\end{array}\right)$

音速 V

音源　$\longrightarrow v$　　観測者　$\longrightarrow u$

(ア) <u>高く</u>　(イ) <u>低く</u>　(ウ) <u>ドップラー効果</u>

70. 音の伝わる右向きを正として，

(1) $\dfrac{340-8}{340-0} \times 561 = \underline{547.8}$〔Hz〕

(2) $\dfrac{340-0}{340-10} \times 561 = \underline{578}$〔Hz〕

(3) $\dfrac{340-(-10)}{340-10} \times 561 = \underline{595}$〔Hz〕

(4) $\dfrac{340-4}{340-(-17)} \times 561 = \underline{528}$〔Hz〕

71. **波の干渉** 波源 A と B から同位相（同じ変位），同振幅で波長 10 cm の波が送り出されているとき，AP = 3〔cm〕，BP = 18〔cm〕となる点 P では波は ┃ ア ┃ め合い，AQ = 57〔cm〕，BQ = 37〔cm〕となる点 Q では波は ┃ イ ┃ め合う。

● ●

72. **波の屈折** 図のように，波が媒質 I から入射角 60° で媒質 II へ進むときの屈折角は 30° である。媒質 I に対する媒質 II の相対屈折率 n_{12} はいくらか。また，媒質 I での波の速さを $v_1 = 6$〔m/s〕，振動数を $f = 10$〔Hz〕とすると，媒質 II での波の速さ v_2 と波長 λ_2 はいくらか。

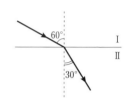

● ●

73. **全反射** 臨界角を θ_0 とすれば，入射角 θ_1 が $\theta_1 = \theta_0$ のとき屈折角 θ_2 は $\theta_2 = $ ┃ ア ┃ であり，θ_1 ┃ イ ┃ θ_0 のときは全反射が起こる。**ア** には角度を，**イ** には不等号を入れよ。

71.

――――― 波の干渉 ―――――

$$|r_1 - r_2| = \begin{cases} m\lambda \quad \cdots\cdots\cdots\cdots \text{強め合い} \\ \qquad\qquad (m=0,1,2,\cdots\cdots) \\ \left(m+\dfrac{1}{2}\right)\lambda \quad \cdots\cdots\text{弱め合い} \end{cases}$$

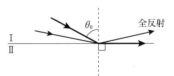

波源 A，B は同位相

$\mathrm{BP}-\mathrm{AP}=18-3=15=\left(1+\dfrac{1}{2}\right)\times10$　　P点では <u>弱</u>_(ア)め合う

$\mathrm{AQ}-\mathrm{BQ}=57-37=20=2\times10$　　　　　Q点では <u>強</u>_(イ)め合う

72.

――――― 屈折の法則 ―――――

入射角 θ_1，屈折角 θ_2，媒質 I に対する媒質 II の相対屈折率 n_{12}

$$n_{12}=\frac{\sin\theta_1}{\sin\theta_2}=\frac{v_1}{v_2}=\frac{\lambda_1}{\lambda_2}$$

屈折の法則より　$n_{12}=\dfrac{\sin60°}{\sin30°}=\dfrac{\sqrt{3}}{2}\div\dfrac{1}{2}=\sqrt{3}\fallingdotseq\underline{1.73}$

$v_2=\dfrac{v_1}{n_{12}}=\dfrac{6}{\sqrt{3}}=2\sqrt{3}\fallingdotseq\underline{3.46}\ (\mathrm{m/s})$

振動数は変化しないので，$\lambda_2=\dfrac{v_2}{f}=\dfrac{2\sqrt{3}}{10}\fallingdotseq\underline{0.346}\ (\mathrm{m})$

73.　屈折角 θ_2 が <u>90°</u>_(ア)になる入射角を **臨界角** と呼ぶ。入射角 θ_1 が臨界角 θ_0 より大きいとき，屈折波は存在せず，全反射となる。

$$\theta_1 \underset{(イ)}{\geqq} \theta_0$$

ここで，媒質 I に対する II の相対屈折率を n_{12} とすると屈折の法則より

$$\frac{\sin\theta_0}{\sin90°}=n_{12}\quad\therefore\quad\sin\theta_0=n_{12}$$

したがって，相対屈折率が $n_{12}<1$ のとき，全反射が起こり得る。

例題 **81**

音源の振動数を f_0〔Hz〕，音速を V〔m/s〕とする。

I 静止している観測者に向かって，音

源が速さ v〔m/s〕で近づくとき，

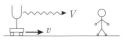

(1) 音源から出て，観測者に向かう音
波の波長はいくらか。

(2) 観測者が聞く音の振動数は何 Hz か。

II 音源が静止し，観測者が速さ
u〔m/s〕で音源から遠ざかるとき，

(3) 音源から出て，観測者に向かう音
波の波長はいくらか。

(4) 観測者にとっての音速はいくらか。

(5) 観測者が聞く音の振動数は何 Hz か。

解

(1) 音源が静止していても動いていても音源から
出た波は 1 秒間に V〔m〕だけ進み，この間に
f_0 個の波が発せられる。音源が動いていると
きは，右図のように $V-v$〔m〕の距離の中に
f_0 個の波が入っているから，

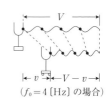

$(f_0 = 4$〔Hz〕の場合$)$

波長は $\lambda_1 = \dfrac{V-v}{f_0}$〔m〕

(2) 観測者には，波長 λ_1〔m〕の音波が速さ V〔m/s〕で伝わるから，振動数
は，　　$f_1 = \dfrac{V}{\lambda_1} = \dfrac{V}{V-v}f_0$〔Hz〕

(3) 音源が動かなければ，波長は変化しない。　$\lambda_2 = \dfrac{V}{f_0}$〔m〕

(4) 観測者の後から，音が追いかけてくる。観測者から見た音速は
$V-u$〔m/s〕

(5) (3)，(4)より　$f_2 = \dfrac{V-u}{\lambda_2} = \dfrac{V-u}{V}f_0$〔Hz〕

〔ドップラー効果〕
●音源が動く　　　　●観測者が動く
$\left[\begin{array}{l}\text{波長変化}\\\text{音速不変}\end{array}\right]$　$\left[\begin{array}{l}\text{波長不変}\\\text{音速（観測者にとっての）変化}\end{array}\right]$

例題 **82**

振動数 f_0〔Hz〕の音を発する音源 S と反射板 R の間を観測者 O が R に向かって速さ u〔m/s〕で歩いている。音速を V〔m/s〕とする。

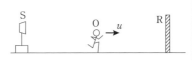

I　R が固定されているとき,

(1)　O が聞く直接音の振動数はいくらか。

(2)　R で反射した音を O は振動数いくらの音として聞くか。

(3)　O が聞くうなりは毎秒何回か。

II　R が右向きに速さ w で動くとき,

(4)　O が聞く反射音の振動数はいくらか。

解

(1)　ドップラー効果の公式より　　$f_1 = \dfrac{V-u}{V}f_0$〔Hz〕

(2)　反射板 R の位置に振動数 f_0 の音源があると考えればよい。ドップラー効果の公式より　$f_2 = \dfrac{V+u}{V}f_0$〔Hz〕

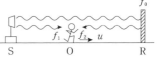

(3)　振動数 f_1 の直接音と,振動数 f_2 の反射音を同時に聞くから,うなりの回数は

$$f_2 - f_1 = \frac{V+u}{V}f_0 - \frac{V-u}{V}f_0 = \frac{2uf_0}{V}\ \text{〔回/s〕}$$

(4)　R が毎秒受け取る音波の数(R の位置にいる観測者が聞く振動数)は,

$$f_3 = \frac{V-w}{V}f_0$$

R が振動数 f_3 の音を発する音源と考える。O の聞く振動数は

$$f_4 = \frac{V+u}{V+w}f_3 = \frac{(V+u)(V-w)}{V(V+w)}f_0\ \text{〔Hz〕}$$

壁での反射は,壁に二役をさせる(壁はまず観測者,次に音源の役割)

速さ v〔m/s〕で進行中の
列車が振動数 f_0〔Hz〕の警笛
を t_0 秒間鳴らした。音速を
V〔m/s〕とする。

(1) 列車の進行方向と $60°$
の角度をなす方向にいる
観測者Aが聞く警笛の振動数はいくらか。

(2) 列車の進行方向に伝わっていく警笛の波長はいくらか。

(3) 列車の前方にいる観測者Bには，警笛が何秒間聞こえるか。

解

(1) 列車（音源）がAに向かって速さ $v\cos 60°$ で近づくと考えればよい。
ドップラー効果により，Aの聞く振動数は

$$f_A = \frac{V}{V - v\cos 60°}f_0 = \frac{V}{V - \frac{1}{2}v}f_0$$

$$= \frac{2V}{2V - v}f_0 \text{〔Hz〕}$$

 斜め方向のドップラー効果では，
速度の分解

(2) 列車の進行方向では，音波は 1 秒間に $V - v$〔m〕だけ列車から離れるが，
この距離の中に 1 秒の間に列車から発せられた f_0 個の波が入っているか
ら，求める波長 λ_B は $\lambda_B = \dfrac{V - v}{f_0}$〔m〕

(3) Bが聞く警笛の振動数は $f_B = \dfrac{V}{\lambda_B} = \dfrac{V}{V - v}f_0$〔Hz〕，警笛を聞いた時
間を t' とすれば，Bが受け取った波の数（1 波長を 1 個と数える）は $f_B t'$
個で，音源から発せられた波の数は $f_0 t_0$ 個である。波長は変化しても波の
数は不変だから，

$$f_0 t_0 = f_B t' \qquad \therefore \quad t' = \frac{f_0}{f_B}t_0 = \frac{V - v}{V}t_0 \text{〔s〕}$$

 ドップラー効果が起こっても波の総数（1 波長を 1 個と
数える）は不変

例題 84

水槽に水を入れ，40 cm 離れた水面上の 2 点 A，B をたたき振幅 2 cm，波長 16 cm の同じ波を発生させる。水面上には干渉模様が観察された。波の減衰は無視する。

Ⅰ　点 A，B から同位相で波を発生させたとき。

(1)　AP = 18 [cm]，BP = 26 [cm] となる水面上の点 P での波の振幅はいくらか。

(2)　AQ = 50 [cm]，BQ = 34 [cm] となる水面上の点 Q での波の振幅はいくらか。

(3)　線分 AB 上には定常波の腹がいくつできるか。

Ⅱ　点 A，B から逆位相で波を発生させたとき。

(4)　線分 AB 上には定常波の節がいくつできるか。

解

Ⅰ　図は，ある時刻の波の山の位置を細い実線の円（円弧），谷の位置を細い破線の円（円弧）で示している。また，太い実線は波が強め合っている点を結んだ双曲線および直線であり，太い破線は弱め合っている点を結んだ双曲線である。

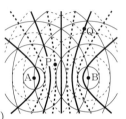

(1)　$BP - AP = 26 - 18 = 8 = \left(m + \dfrac{1}{2} \right)\lambda \quad (m = 0)$

点 P では波は弱め合い振幅は <u>0</u>

(2)　$AQ - BQ = 50 - 34 = 16 = m\lambda \quad (m = 1)$

点 Q では波は強め合い，振幅は <u>4 [cm]</u>

(3)　$AB = 40 = \left(m + \dfrac{1}{2} \right)\lambda \quad (m = 2)$

点 A，B で波は弱め合うので，点 A，B は定常波の節になり，定常波の様子は右図のように描ける。

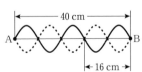

腹の数は <u>5 個</u>

Ⅱ　(4)　波が強め合う点と弱め合う点はⅠと正反対になるので，節の数は <u>5 個</u>

例題 85

図は媒質Ⅰから媒質Ⅱに進む
波の波面の様子(波の山)を描
いたものである。

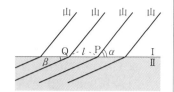

(1) 点Pを通る入射射線と屈
折射線を図に記入せよ。

(2) PQ = l としたとき,媒質Ⅰの中での波長 λ_1 と媒質Ⅱの中での
波長 λ_2 はそれぞれいくらか。

(3) (2)の結果より,$\dfrac{\lambda_1}{\lambda_2} = \boxed{\quad ア \quad}$ となる。また,媒質Ⅰの中での波
の振動数を f とすれば,媒質Ⅱの中での波の振動数は $\boxed{\quad イ \quad}$ で
ある。従って,媒質Ⅰ,Ⅱでの波の速さをそれぞれ v_1,v_2 とすれ
ば $\dfrac{v_1}{v_2} = \boxed{\quad ウ \quad}$ である。

(4) $\lambda_1 = 2$ 〔m〕,$\lambda_2 = 1$ 〔m〕,$\alpha = 45°$ のとき,$\sin\beta$ の値を求めよ。

解

(1) 射線は波の進む向きを表す直線で,波
面と直交する。α, β は入射角,屈折角
にそれぞれ等しい。

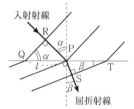

(2) 右図で △PQR に着目し,
$\lambda_1 = \mathrm{PR} = \mathrm{PQ}\sin\alpha = \underline{l\sin\alpha}$
△PST に着目し,
$\lambda_2 = \mathrm{PS} = \mathrm{PT}\sin\beta = \underline{l\sin\beta}$

(3) (ア) (2)の結果より $l = \dfrac{\lambda_1}{\sin\alpha} = \dfrac{\lambda_2}{\sin\beta}$ ∴ $\dfrac{\lambda_1}{\lambda_2} = \underline{\dfrac{\sin\alpha}{\sin\beta}}$

(イ) 異なる媒質中でも波の振動数は変わらないから媒質Ⅱの中の振動数も $\underline{f}$

(ウ) $v_1 = f\lambda_1$,$v_2 = f\lambda_2$ より $\dfrac{v_1}{v_2} = \dfrac{\lambda_1}{\lambda_2} = \underline{\dfrac{\sin\alpha}{\sin\beta}}$ (屈折の法則)

(4) $\dfrac{2}{1} = \dfrac{\sin 45°}{\sin\beta}$ ∴ $\sin\beta = \dfrac{1}{2}\sin 45° = \dfrac{1}{2} \times \dfrac{\sqrt{2}}{2} = \underline{\dfrac{\sqrt{2}}{4}}$

 射線と波面は直交する

例題 86

媒質 I に対する媒質 II の(相対)屈折率は
$\sqrt{3}$ である。波が媒質 I から媒質 II へ入射角
60° で入射した。

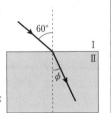

(1) 屈折角 ϕ はいくらか。

(2) 媒質 I の中での波長が $2\sqrt{3}$ m,振動数が
10 Hz のとき,媒質 II の中での波長と波の伝
わる速さを求めよ。

(3) 次に,媒質 II から媒質 I へ波が進む場合を
考える。波が媒質 I へ屈折して進んでいくた
めには,入射角 θ がある角度 θ_0 より小さく
なければならない。$\sin\theta_0$ を求めよ。

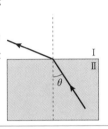

解

(1) 屈折の法則より $\dfrac{\sin 60°}{\sin\phi} = \sqrt{3}$

$\sin\phi = \dfrac{1}{2}$ ∴ $\phi = \underline{30°}$

(2) 媒質 II の中での波長を λ_2,波の速さを v_2
とすれば

$\dfrac{2\sqrt{3}}{\lambda_2} = \sqrt{3}$ ∴ $\lambda_2 = \underline{2\ [\text{m}]}$

$v_2 = 10 \times 2 = \underline{20\ [\text{m/s}]}$

(3) 媒質 II から媒質 I への入射角が θ_0 のとき,
屈折角が 90° になるから

$\dfrac{\sin 90°}{\sin\theta_0} = \sqrt{3}$

∴ $\sin\theta_0 = \underline{\dfrac{1}{\sqrt{3}}}$

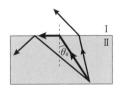

74. **絶対屈折率** 真空中の光速が 3×10^8 m/s，波長が 500 nm の光が絶対屈折率 1.2 の媒質に入射した。この媒質中での光速は ア m/s であり，振動数は イ Hz である。

• •

75. **屈折** 真空中から絶対屈折率 $\sqrt{2}$ の媒質に，入射角 45° で光が入射したとき，屈折角はいくらか。

• •

76. **凸レンズ・凹レンズ** 焦点距離 12 cm の凸レンズの前方 36 cm のところにローソクを置くと，凸レンズの後方 ア cm のところに倒立実像ができる。また，焦点距離 12 cm の凹レンズの前方 36 cm のところにローソクを置くと，凹レンズの前方 イ cm のところに正立虚像ができる。

解答▼解説

74. $v = \dfrac{c}{n} = \dfrac{3 \times 10^8}{1.2} = \underline{2.5 \times 10^8}_{(ア)} \, [\text{m/s}]$

真空中でも媒質中でも振動数は不変だから

$f = \dfrac{c}{\lambda_0} = \dfrac{3 \times 10^8}{500 \times 10^{-9}} = \underline{6 \times 10^{14}}_{(イ)} \, [\text{Hz}]$

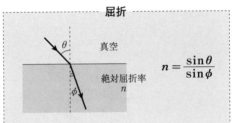

絶対屈折率

真空中の光速を c, 波長を λ_0, 絶対屈折率 n の媒質中の光速を v, 波長を λ として

$$n = \dfrac{c}{v} = \dfrac{\lambda_0}{\lambda}$$

---

75. $\sqrt{2} = \dfrac{\sin 45°}{\sin \phi}$

$\sin \phi = \dfrac{1}{2}$

$\therefore \quad \phi = \underline{30°}$

屈折

真空 / 絶対屈折率 n

$$n = \dfrac{\sin \theta}{\sin \phi}$$

---

76. レンズの公式より，凸レンズの場合，

$\dfrac{1}{36} + \dfrac{1}{b} = \dfrac{1}{12} \quad \therefore \quad b = \underline{18}_{(ア)} \, [\text{cm}]$

凹レンズの場合，

$\dfrac{1}{36} + \dfrac{1}{b} = -\dfrac{1}{12} \quad \therefore \quad b = -9$

凹レンズの前方 $\underline{9}_{(イ)} \, [\text{cm}]$ のところに虚像ができる。

レンズの公式

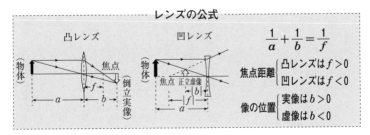

凸レンズ　凹レンズ

$$\dfrac{1}{a} + \dfrac{1}{b} = \dfrac{1}{f}$$

焦点距離 $\begin{cases} \text{凸レンズは} f > 0 \\ \text{凹レンズは} f < 0 \end{cases}$

像の位置 $\begin{cases} \text{実像は} b > 0 \\ \text{虚像は} b < 0 \end{cases}$

77. 光路差 光Ⅰは絶対屈折率 $n = \dfrac{4}{3}$ の

媒質中を，光Ⅱは真空中をそれぞれ6〔m〕
進む。光ⅠではA点からA′点までの光学
距離は ア m であり，2つの光線の光
路差は イ m である。

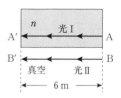

・・・

78. ヤングの実験 平行光を複スリットに当てたとき，経路差は

$$S_2P - S_1P ≒ \boxed{}$$

ただし，$d \ll l$，$x \ll l$ とする。

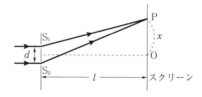

・・・

79. 回折格子 格子定数（隣り合うスリットの間隔）が d の回折格子
に，波長が λ の平行光線を当てるとき，入射光線の方向と角 θ をなす
方向に進む回折光の強め合いの条件は，m を整数（$m = 0$，1，2，…）
として，

$$\boxed{} = m\lambda$$

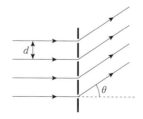

77. 光学距離(光路長)とは，光の進んだ距離を真空中の距離に換算したものである。

$$\frac{4}{3} \times 6 = \underline{8}_{(ア)} \text{(m)}$$

> **光路差**
> 光学距離 $= nl$
> （n：絶対屈折率，l：距離）
> 光路差 $=$ 光学距離の差

光Ⅱの光学距離は $1 \times 6 = 6$ (m) であるから，

光路差は $8 - 6 = \underline{2}_{(イ)}$ (m)

• •

78. $S_1P^2 = l^2 + \left(x - \dfrac{d}{2}\right)^2$, $S_2P^2 = l^2 + \left(x + \dfrac{d}{2}\right)^2$

∴ $S_2P^2 - S_1P^2 = 2dx$

> **ヤングの実験**
> 経路差 $\fallingdotseq \dfrac{dx}{l}$

一方，$S_2P + S_1P \fallingdotseq 2l$ と考えてよいから

$$S_2P - S_1P = \frac{S_2P^2 - S_1P^2}{S_2P + S_1P} \fallingdotseq \frac{2dx}{2l} = \underline{\frac{dx}{l}}$$

• •

79.

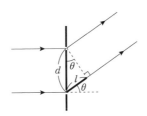

隣り合うスリットを通る回折光の光路差 l は上図より

$$l = d\sin\theta$$

よって，強め合いの条件は

$$\underline{d\sin\theta = m\lambda} \quad (m = 0,\ 1,\ 2,\ \cdots)$$

水面から h の深さのところに点光源 S がある。

空気の屈折率を 1，水の屈折率を n，真空中の光速を c とし，水中から空気中へ向かう光の入射角を α，屈折角を β とする。

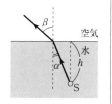

(1) S を出てから，入射角 α で水面に達するまでにかかる時間はいくらか。

(2) $\sin\beta$ を n と $\sin\alpha$ を用いて表せ。

(3) 水面上に円板を置き，S から発せられる光が空気中に出ないようにするとき，円板の最小半径 r を求めよ。

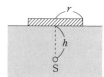

解

(1) 水中での光速 v は $v = \dfrac{c}{n}$ であり，水面までの距離は $\dfrac{h}{\cos\alpha}$ であるから，水面に達するまでに要する時間は

$$t = \frac{\dfrac{h}{\cos\alpha}}{v} = \underline{\frac{hn}{c\cos\alpha}}$$

(2) 水に対する空気の屈折率は $\dfrac{1}{n}$ なので，屈折の法則は

$$\frac{\sin\alpha}{\sin\beta} = \frac{1}{n} \qquad \therefore \quad \sin\beta = \underline{n\sin\alpha}$$

(3) 円板の端に達する光の屈折角が $90°$ になれば，それより外に達する光は全反射するから，臨界角を α_0 とすれば，(2)の式で $\beta = 90°$ とおき，

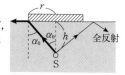

$$\sin 90° = n\sin\alpha_0 \qquad \therefore \quad \sin\alpha_0 = \frac{1}{n}$$

右図より $\tan\alpha_0 = \dfrac{1}{\sqrt{n^2-1}}$

ゆえに $r = h\tan\alpha_0 = \underline{\dfrac{h}{\sqrt{n^2-1}}}$

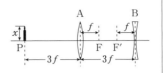

例題 88

　図のように，焦点距離が共に f の凸レンズ A と凹レンズ B を，光軸を一致させ，距離 $3f$ だけ離して固定する。A の左側で距離 $3f$ だけ離れた点 P に長さ x のローソクを置いた。

(1)　凸レンズ A によるローソクの実像はどこにできるか。また，その像の大きさはいくらか。

(2)　凸レンズ A と凹レンズ B によるローソクの虚像はどこにできるか。また，その像の大きさはいくらか。

解

(1)　レンズの公式より，

$$\frac{1}{3f} + \frac{1}{b} = \frac{1}{f} \quad \therefore \quad b = \frac{3}{2}f$$

レンズ A の右側 $\frac{3}{2}f$ のところに実像ができる。また，右図より，像の大きさ y は，

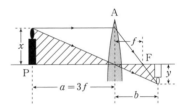

$$\frac{x}{3f} = \frac{y}{b} \quad \therefore \quad y = \frac{1}{2}x$$

(2)　(1)で求めた像が凹レンズ B にとっては物体に相当するので，B による像の位置を b' とすれば，

$$\frac{1}{3f - \frac{3}{2}f} + \frac{1}{b'} = -\frac{1}{f}$$

$$\therefore \quad b' = -\frac{3}{5}f$$

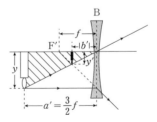

レンズ B の左側 $\frac{3}{5}f$ のところに虚像ができる。また，像の大きさを y' とおけば，

$$\frac{y}{\frac{3}{2}f} = \frac{y'}{|b'|} \quad \therefore \quad y' = \frac{2}{5}y = \frac{1}{5}x$$

ココが
ポイント

物体の大きさを x，像の大きさを y とすれば，レンズの倍率 n は，　$n = \dfrac{y}{x} = \left|\dfrac{b}{a}\right|$

　ヤングの実験において，スリット S_1，S_2 の間隔は d であり，S は S_1，S_2 の垂直二等分線上にあるスリットである。S_1，S_2 から l だけ離れたとこ

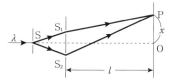

ろにスクリーンがある。S を通って 　ア　 した波長 λ の光は，さらに S_1，S_2 で 　イ　 し，スクリーン上で互いに 　ウ　 して明暗のしま模様をつくる。S_1，S_2 の垂直二等分線とスクリーンとの交点を点 O，スクリーン上の点 P と点 O との距離を x とする。x，d は l に比べて十分に小さいものとする。

(1) (ア)〜(ウ)に適する語句を入れよ。

(2) 経路差 $S_2P - S_1P$ を x，d，l を用いて表せ。$|y| \ll 1$ のときに成り立つ近似式 $\sqrt{1+y} \fallingdotseq 1 + \dfrac{y}{2}$ を利用せよ。

(3) 点 P が明るくなる条件と暗くなる条件をそれぞれ整数 $m(= 0,\ 1,\ 2,\ \cdots)$ を用いて書け。

(4) 隣り合う明線と明線の間隔はいくらか。

解

(1) (ア) 回折　　(イ) 回折　　(ウ) 干渉

(2) $S_2P = \sqrt{l^2 + \left(x + \dfrac{d}{2}\right)^2} = l\sqrt{1 + \left(\dfrac{x + d/2}{l}\right)^2} \fallingdotseq l\left\{1 + \dfrac{1}{2}\left(\dfrac{x + d/2}{l}\right)^2\right\}$

$S_1P = \sqrt{l^2 + \left(x - \dfrac{d}{2}\right)^2} = l\sqrt{1 + \left(\dfrac{x - d/2}{l}\right)^2} \fallingdotseq l\left\{1 + \dfrac{1}{2}\left(\dfrac{x - d/2}{l}\right)^2\right\}$

よって

$S_2P - S_1P = \dfrac{1}{2l}\left\{\left(x + \dfrac{d}{2}\right)^2 - \left(x - \dfrac{d}{2}\right)^2\right\} = \dfrac{1}{2l} \cdot 2dx = \underline{\dfrac{dx}{l}}$

(3) 明線　$\underline{\dfrac{dx}{l} = m\lambda}$　　暗線　$\underline{\dfrac{dx}{l} = \left(m + \dfrac{1}{2}\right)\lambda}$　　（$m = 0,\ 1,\ 2,\ \cdots$）

(4) (3)の明線条件より　$x = \dfrac{l\lambda}{d}m$

m が 1 増えると x は $\dfrac{l\lambda}{d}$ だけ増えるから明線と明線の間隔は $\underline{\dfrac{l\lambda}{d}}$

例題 **90**

壁から5mのところに、1 cmあたり200本のすじがつけられている回折格子を置き、波長 $\lambda = 6 \times 10^{-7}$ m の単色光をあてると壁に等間隔に輝点が生じ

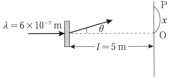

た。ただし、回折角 θ は小さく、$\sin\theta \fallingdotseq \tan\theta$ と近似できる。

(1) 格子定数 d (隣り合うスリットの間隔) はいくらか。

(2) θ 方向に回折した光が強め合う条件を、d, λ, および $m(m = 0, 1, 2, 3\cdots)$ を用いて表せ。

(3) P点に輝点が生じているとき、OP $= x$ を求めよ。

(4) 隣り合う輝点と輝点の間隔は何mか。

(5) 回折格子にあてる光を白色光にすると、それぞれの輝点は色づいて見える。P点付近で赤色、黄色、青色の並ぶ順序はどうなるか。点Oに近い方から順番に並べよ。

解

(1) $d = \dfrac{1}{200}$ 〔cm〕 = $\underline{5 \times 10^{-5}}$ 〔m〕

(2) 隣り合ったスリットを通った光の経路差は $d\sin\theta$ であるから、強め合う条件は
$$\underline{d\sin\theta = m\lambda} \quad (m = 0, 1, 2, 3, \cdots)$$

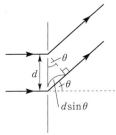

(3) $\sin\theta \fallingdotseq \tan\theta = \dfrac{x}{l}$ より

$$d \cdot \dfrac{x}{l} = m\lambda$$

$$x = \dfrac{l\lambda}{d} m = \dfrac{5 \times 6 \times 10^{-7}}{5 \times 10^{-5}} m = \underline{0.06\, m}\ \text{〔m〕}$$

(4) (3)の結果より $\underline{0.06}$ 〔m〕

(5) (3)より $x = \dfrac{l\lambda}{d} m$ であるから、同じ次数 $m(m \neq 0)$ に対して波長の長い光ほど点Oからの距離が長いことがわかる。波長は

$$\underline{青色 \to 黄色 \to 赤色}$$

の順番で長くなるから、この順に色づいた輝点が観察される。

例題 **91**

絶対屈折率 1.5 の油膜が水面に広がっている。この油膜に真上から波長 6.0×10^{-7} m の単色光を当て，その反射光を観察する。空気の絶対屈折率は 1.0, 水の絶対屈折率は 1.3 とする。

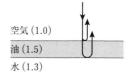

(1)　この光の油膜中での波長はいくらか。

(2)　油膜の表面での反射は固定端反射と同じであり，裏面（水との境界）での反射は自由端反射と同じである。この光の反射光が強め合う最小の油膜の厚さはいくらか。

解

(1)　屈折率 1.5 の油膜中における光の波長は

$$\lambda' = \frac{\lambda}{1.5} = \frac{6.0 \times 10^{-7}}{1.5} = \underline{4.0 \times 10^{-7} \,〔\text{m}〕}$$

(2)　屈折率の小さな空気から屈折率の大きな油へ進む光の反射では，固定端反射と同じ反射が起こり，反射の際に半波長分のずれ（π〔rad〕だけ位相のずれ）が生じる。一方，屈折率の大きな油から屈折率の小さな水へ進む光の反射では，自由端反射と同じ反射が起こる。このように，固定端反射が 1 回ある場合の干渉条件は，

強め合い：（光路差）$= (m + \frac{1}{2})\lambda$ ，弱め合い：（光路差）$= m\lambda$

となる。ここで，λ は真空中の波長，m は整数である。

油膜の表面で反射した光と，裏面で反射した光の光路差は油膜の厚さを d として，$2 \times 1.5 \times d$ となり，反射による位相のずれを考慮し，反射光が強め合う条件は，

$$2 \times 1.5 \times d = 6.0 \times 10^{-7} \times (m + \frac{1}{2}) \quad (m = 0, 1, 2, \cdots)$$

$$\therefore \quad d = 2.0 \times 10^{-7} \times (m + \frac{1}{2})$$

d の最小値 d_0 は，$m = 0$ とおいて

$$d_0 = 2.0 \times 10^{-7} \times \frac{1}{2}$$

$$= \underline{1.0 \times 10^{-7} \,〔\text{m}〕}$$

例題 **92**

図のように，屈折率1の空気中に置かれた，厚さd，屈折率nの薄膜に，波長λの単色光を入射角αで入射させると屈折角はβになる。経路 $A_1 \to G \to B \to E$ を進む

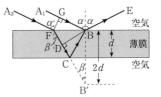

光 a と経路 $A_2 \to F \to D \to C \to B \to E$ を進む光 b を考える。

(1) 図を参考にして，光 a と光 b の光路差を β, d, n で表せ。

(2) 光 a と光 b が強め合う条件を，α, λ, d, n および整数 m を用いて表せ。

解

(1) 光 a の G と光 b の F は同位相である。光 a が G から B まで進む間に，光 b は F から D に進む。すなわち，GB と FD の光学距離は等しく，GB ＝ $n \cdot$ FD が成り立っている。また，B から E では光 a と光 b の経路は等しい。したがって，光路差は，光 b の経路 D → C → B の光学距離に等しい。図を参考にして，

$$(光路差) = n \cdot (DC + CB)$$
$$= n \cdot DB'$$
$$= n \cdot 2d\cos\beta = \underline{2nd\cos\beta}$$

(2) 屈折の法則より，

$$\frac{\sin\alpha}{\sin\beta} = \frac{n}{1} \qquad \therefore \quad \sin\beta = \frac{\sin\alpha}{n}$$

したがって，光路差は，

$$(光路差) = 2nd\sqrt{1 - \sin^2\beta}$$
$$= 2nd\sqrt{1 - \left(\frac{\sin\alpha}{n}\right)^2}$$
$$= 2d\sqrt{n^2 - \sin^2\alpha}$$

一方，例題91の解答で述べたことより，光 a が B で反射するときは，固定端型の反射をする（位相が π ずれる）。また，光 b が C で反射するときは，自由端型の反射をする（位相がずれない）。以上より，強め合いの条件は，整数 m を $m = 0, 1, 2, \cdots$ として，

$$\underline{2d\sqrt{n^2 - \sin^2\alpha} = \left(m + \frac{1}{2}\right)\lambda}$$

長さが L の2枚のガラス板を重ね合わせ，一端に薄い紙をはさみ，くさび形の空間をつくる。この板を上方から波長 λ の単色光で照らすと，明暗の干渉じまが観察

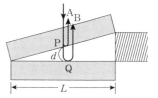

される。これは，上のガラス板の下面Pで反射される光Aと，下のガラス板の上面Qで反射される光Bとの干渉として説明される。PQ の距離を d，空気の屈折率を1とする。

(1) 光Aと光Bの光路差はいくらか。

(2) Pでの反射は自由端反射と同じである。また，Qでの反射は固定端反射と同じである。明線条件を d, λ と整数 $m(=0,\ 1,\ 2,\ 3,\ \cdots)$ を用いて表せ。

(3) 隣り合う明線と明線の間隔が x_0 のとき，紙の厚さを求めよ。

解

(1) $\underline{2d}$

(2) Qでの反射に際し，半波長分のずれが生じることを考慮すれば，強め合いの条件は，

$$\underline{2d = \left(m + \frac{1}{2}\right)\lambda}$$

(3) ガラスの左端からの距離を x，紙の厚さを D とおけば，

$$\frac{d}{x} = \frac{D}{L} \quad \therefore \quad d = \frac{xD}{L}$$

(2)より $2\dfrac{xD}{L} = \left(m + \dfrac{1}{2}\right)\lambda$

$$x = \frac{L\lambda}{2D}\left(m + \frac{1}{2}\right)$$

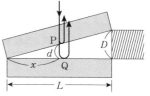

m が1だけ増せば x は $\dfrac{L\lambda}{2D}$ だけ増すから，しまは等間隔となり

$$x_0 = \frac{L\lambda}{2D} \quad \therefore \quad \underline{D = \frac{L\lambda}{2x_0}}$$

例題 **94**

図1のように，平板ガラスの上に半径が R の球面をもつ平凸レンズを置き，上から波長 λ の単色光を当て，反射光を観察すると図2のような明暗模様 (ニュートンリング) が見られる。AB $= d$，CB $=$ DA $= r$，空気の屈折率を1とする。

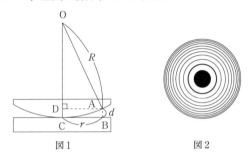

図1　　　　　　　　　　図2

(1) d は R に比べて非常に小さいとして，d を R と r を用いて表せ。

(2) A での反射は自由端反射と同じであり，B での反射は固定端反射と同じである。中心から m 番目の暗い環の半径を求めよ。ただし，中心は0番目とする。

(3) 平板ガラスと凸レンズの間を屈折率が n の液体で満たしたとき，(2)の環の半径はいくらになるか。ただし，A，B における反射の様子は(2)と同じとする。

解

(1) △OAD に三平方の定理を適用して

$$R^2 = r^2 + (R-d)^2 \qquad 2Rd = r^2 + d^2 \fallingdotseq r^2 \qquad \therefore \quad d = \underline{\dfrac{r^2}{2R}}$$

(2) B での反射に際し，半波長分のずれが生じることを考慮する。光路差は $2d$ であるから，弱め合いの条件は

$$2d = m\lambda \quad (m = 0,\ 1,\ 2,\ \cdots)$$

$$\dfrac{r^2}{R} = m\lambda \qquad \therefore \quad r = \underline{\sqrt{m\lambda R}}$$

(3) 光路差が $2nd$ になるから，弱め合いの条件は

$$2nd = m\lambda$$

$$\dfrac{nr^2}{R} = m\lambda \qquad \therefore \quad r = \underline{\sqrt{\dfrac{m\lambda R}{n}}}$$

80. **導体と不導体**　電気をよく通す物体を ［ ア ］ といい，電気を通しにくい物体を ［ イ ］ という。［ ア ］ には ［ ウ ］ がたくさん含まれるが，［ イ ］ には ［ ウ ］ はほとんど含まれていない。

● ●

81. **電流**　ある断面を 2 A の強さの電流が流れているとき，その断面を 3 s 間に通過する電気量は ［ ア ］ C であり，1 s 間に通る電子の数は ［ イ ］ 個となる。ただし，電気素量は 1.6×10^{-19} C とする。

● ●

82. **オームの法則**　2 V の電圧をかけたときに 0.4 A の電流が流れる導線の抵抗は ［ ア ］ Ω である。また，5 Ω の抵抗をもつ導線に 3 A の電流が流れたとき，この導線にかけられた電圧は ［ イ ］ V である。

解答▼解説

80.　物体に電流が流れるとき，その物体は電気を通すという。電流の本体は自由電子であるから，電気を通す物体は自由電子をたくさん含んでいる。

(ア)　電気をよく通す物体を<u>導体</u>という。
　　金属は導体の代表例である。

(イ)　電気を通さない物体を<u>不導体</u>という。

(ウ)　導体には<u>自由電子</u>がたくさん含まれ，
　　不導体には自由電子はほとんど含まれていない。

> ----- 導体と不導体 -----
> **導体 ⇒ 自由電子を含む**
> **不導体 ⇒ 自由電子を含まない**

● ●

81.　電荷の流れを電流といい，ある断面を 1 s 間に通過する電気量を電流の強さという。電流の単位は〔C/s〕であるが，これを〔A〕と名づける。

> ----- 電気量と電流 -----
> **Δt〔s〕間にΔQ〔C〕の電気量が流れたときの電流 I〔A〕**
> $$I = \frac{\varDelta Q}{\varDelta t}$$
>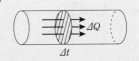

　　I〔A〕の電流が流れているとき，電気素量を e〔C〕とすると，1 s 間に断面を通過する電子の数 N〔個/s〕は，$N = I/e$

(ア)　$I = \dfrac{\varDelta Q}{\varDelta t}$ より　$\varDelta Q = I\varDelta t = 2〔A〕 \times 3〔s〕 = \underline{6}〔C〕$

(イ)　$N = \dfrac{I}{e} = \dfrac{2〔A〕}{1.6 \times 10^{-19}〔C〕} = \underline{1.25 \times 10^{19}}$ 個

● ●

82.　オームの法則 $V = RI$ より，

　　抵抗は $R = \dfrac{2}{0.4} = \underline{5}_{(ア)}〔\Omega〕$ である。

　　また，電圧は $V = 5 \times 3 = \underline{15}_{(イ)}〔V〕$ である。

> ----- オームの法則 -----
> $$V = RI$$
> 電圧 V〔V〕
> 電流 I〔A〕
> 抵抗 R〔Ω〕
>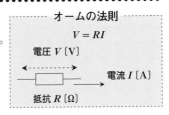

83. オームの法則 8Ωの抵抗をもつ導線に 2.4 Vの電圧がかかっているとき，流れる電流は $I =$ 「 ア 」 A であり，この導線での消費電力は $P =$ 「 イ 」 W である。

84. 抵抗率 タングステンの抵抗率は 5.5×10^{-8} Ω·m である。このタングステンでできた断面積 5.0×10^{-8} m²，長さ 2.0 m の抵抗線の電気抵抗は 「 　 」 Ω である。

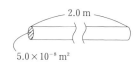

85. 合成抵抗 図1において，AB間の全抵抗は 「 ア 」 Ω である。AB間の電圧が8Vのとき，流れる電流 I は $I =$ 「 イ 」 A となる。

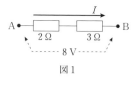

図1

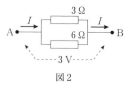

図2

図2において，AB間の全抵抗は 「 ウ 」 Ω である。AB間の電圧が3Vのとき，流れる電流 I は $I =$ 「 エ 」 A となる。

83.

(ア)　$V = RI$ より

$$I = \frac{V}{R} = \frac{2.4}{8} = \underline{0.3}\ \text{[A]}$$

(イ)　$P = VI$ より

$$P = 2.4 \times 0.3 = \underline{0.72}\ \text{[W]}$$

オームの法則

$$V = RI$$

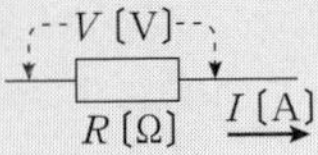

(図: V [V], R [Ω], I [A])

電力

$$P = VI$$
$$= RI^2$$

(図: V [V], R [Ω], I [A])

• •

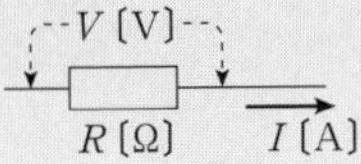

84.

$$R = \rho \frac{l}{S} = \frac{5.5 \times 10^{-8} \times 2.0}{5.0 \times 10^{-8}} = \underline{2.2}\ \text{[Ω]}$$

抵抗率と抵抗

抵抗率 ρ [Ω・m]

抵抗 $R = \rho \dfrac{l}{S}$ [Ω]

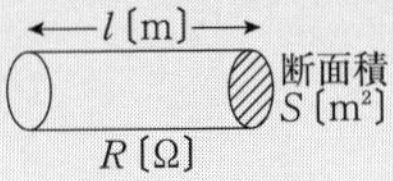

$\longleftarrow l\ \text{[m]} \longrightarrow$　断面積 S [m²]

R [Ω]

• •

基

85.　(ア)　$R = r_1 + r_2 = 2 + 3 = \underline{5}\ \text{[Ω]}$

(イ)　$V = RI$ より

$$I = \frac{V}{R} = \frac{8}{5} = \underline{1.6}\ \text{[A]}$$

(ウ)　$\dfrac{1}{R} = \dfrac{1}{r_1} + \dfrac{1}{r_2} = \dfrac{1}{3} + \dfrac{1}{6}$

∴　$R = \underline{2}\ \text{[Ω]}$

(エ)　$V = RI$ より

$$I = \frac{V}{R} = \frac{3}{2} = \underline{1.5}\ \text{[A]}$$

合成抵抗

（直列接続）

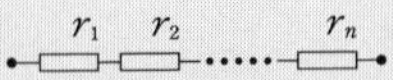

$r_1 \quad r_2 \quad\cdots\cdots\quad r_n$

$$R = r_1 + r_2 + \cdots + r_n$$

（並列接続）

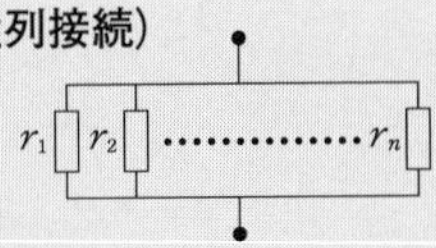

$r_1 \mid r_2 \cdots\cdots\cdots r_n$

$$\frac{1}{R} = \frac{1}{r_1} + \frac{1}{r_2} + \cdots + \frac{1}{r_n}$$

86. **ジュール熱** $R = 10$〔Ω〕の抵抗線に $I = 2$〔A〕の電流を 1 分間流した。この抵抗線に加わる電圧は $V = \boxed{\quad ア \quad}$〔V〕で，発生するジュール熱は $W = \boxed{\quad イ \quad}$〔J〕である。

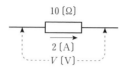

· ·

87. **変圧器** 1 次コイルの巻き数が 200 回，2 次コイルの巻き数が 800 回の変圧器がある。2 次コイルで 100 V の交流電圧を得るためには 1 次コイルに $\boxed{\qquad}$ V の交流電圧を加えればよい。

基

86.　オームの法則より

$$V = RI$$
$$= 10 \times 2 = \underline{20}_{(\mathcal{P})} (\text{V})$$

60 秒間電流を流したので

$$W = RI^2 \times 60$$
$$= 10 \times 2^2 \times 60$$
$$= \underline{2.4 \times 10^3}_{(\mathcal{A})} (\text{J})$$

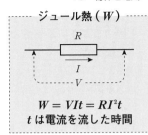

ジュール熱（W）

$$W = VIt = RI^2 t$$
t は電流を流した時間

• •

87.

変圧器

巻き数 N_1 の 1 次コイルにかけた交流電圧 V_1 と，巻き数 N_2 の 2 次コイルに生じた交流電圧 V_2 との関係

$$\frac{V_1}{V_2} = \frac{N_1}{N_2}$$

変圧器の公式より，

$$V_1 = \frac{N_1}{N_2} V_2 = \frac{200}{800} \times 100 = \underline{25} (\text{V})$$

基

例題 **95**

図のような回路がある。電池 E の
電圧は 15 V である。

(1) XY 間の合成抵抗はいくらか。

(2) 電池 E を流れる電流 I はいくら
か。

(3) 5 Ω の抵抗を流れる電流 I' はいくらか。

(4) 5 Ω の抵抗の両端の電圧はいくらか。

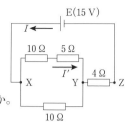

解

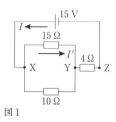

図1

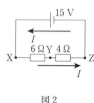

図2

(1) XY 間は，15 Ω と 10 Ω の並列接続になる（図1）。

$$\frac{1}{R_{XY}} = \frac{1}{10} + \frac{1}{15} \quad \text{より} \quad R_{XY} = \underline{6 \, [\Omega]}$$

(2) すべての抵抗を合成すると XZ 間の合成抵抗は $6 + 4 = 10 \, [\Omega]$ となる
（図2）。電池を流れる電流 I は $I = \dfrac{15 \, [V]}{10 \, [\Omega]} = \underline{1.5 \, [A]}$

(3) 5 Ω の抵抗を流れる電流 I' は 15 Ω を流れる電流に等しい（図1）。また，
XY 間の電圧は図2より $R_{XY} \times I = 6 \times 1.5 = 9 \, [V]$ である。したがって，

$$I' = \frac{9 \, [V]}{15 \, [\Omega]} = \underline{0.6 \, [A]}$$

(4) オームの法則より　$5 \, [\Omega] \times 0.6 \, [A] = \underline{3 \, [V]}$

| 並列 ⇨ 電圧は等しい |
| 直列 ⇨ 電流は等しい |

例題 **96**

図のように，XY 間に抵抗 R_1（10 Ω），
R_2（20 Ω），R_3（20 Ω）と電池 E が接続さ
れた回路がある。R_1 の両端の電圧は
4 V であった。

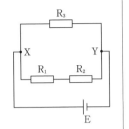

(1) R_2 の両端の電圧はいくらか。

(2) 電池の電圧はいくらか。

(3) R_3 を流れる電流はいくらか。

(4) XY 間の合成抵抗はいくらか。

解

(1) R_1 を流れる電流 I は $4 = 10 \times I$ より $I = 0.4$
〔A〕である。R_2 の電圧は $20 \times 0.4 = \underline{8}$〔V〕

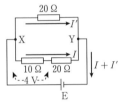

(2) R_1 の電圧（4 V）と R_2 の電圧（8 V）の和
（12 V）が XY 間の電圧に等しい。電池の電圧
と XY 間の電圧は等しい。　∴　$E = \underline{12}$〔V〕

(3) R_3 の電圧は XY 間の電圧（12 V）に等しい。
$12 = R_3 \times I'$ より　$12 = 20 \times I'$　∴　$I' = \underline{0.6}$〔A〕

(4) XY を流れる全電流は $I + I' = 1$〔A〕であ
る。XY 間の電圧は 12 V であるから，XY
間の合成抵抗 R は

$$R = \frac{12 \text{〔V〕}}{1 \text{〔A〕}} = \underline{12} \text{〔Ω〕}$$

別解　直列もしくは並列接続の公式を用いて，

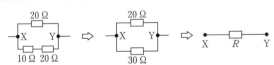

$$\frac{1}{R} = \frac{1}{20} + \frac{1}{30} \text{ より } R = \underline{12} \text{〔Ω〕}$$

基

起電力と内部抵抗が未知の電池 E,
抵抗値 3Ω の抵抗および可変抵抗 R
が接続された回路がある。R を 8Ω
にしたとき,電流計(内部抵抗は無
視)を流れる電流は 1A であった。
R を 20Ω としたとき,電流は 0.5A
であった。

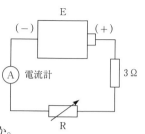

(1) 電池の起電力と内部抵抗はいくらか。

(2) この回路で R を 2Ω にしたとき,電流計を流れる電流はいくら
か。また,電池の端子電圧はいくらか。

解

(1) 電池の起電力を E,内部抵抗を r とする
と,回路は図のようになる。電池の起電力
は各抵抗の電圧の和に等しいから,

$E = (3 + R + r) \times I$

$R = 8$ 〔Ω〕のとき,$I = 1$ 〔A〕より,

$E = (11 + r) \times 1$ ………①

$R = 20$ 〔Ω〕のとき,$I = 0.5$ 〔A〕であるから,

$E = (23 + r) \times 0.5$ ……②

①,②より $r = \underline{1}$ 〔Ω〕,$E = \underline{12}$ 〔V〕

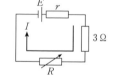

(2) $R = 2$ 〔Ω〕としたとき,流れる電流を I'
とすると

$12 = (3 + 2 + 1) \times I'$ ∴ $I' = \underline{2}$ 〔A〕

電池の陽極(+端子)と陰極(-端子)の
電位差を端子電圧という。電池に内部抵抗
があれば,端子電圧は電池の起電力より小
さくなる。

$V = E - rI$ より

$V = 12 - 1 \times 2 = \underline{10}$ 〔V〕

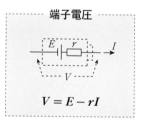

端子電圧

$V = E - rI$

例題 98

熱容量 200 J/K の銅の容器に水 1000 g が入っている。この中に電気抵抗 2 Ω の電熱線を入れ 5 A の電流を流したところ，水（銅の容器を含む）の温度が 10 K 上昇した。ただし，水の比熱を 4.2 J/g·K とし，電熱線で発生したジュール熱の 80 % が水と銅の容器に与えられたものとする。

(1) 電熱線から単位時間あたりに発生するジュール熱（消費電力）を求めよ。

(2) 水と銅の容器に与えられた熱エネルギーの合計を求めよ。

(3) 電流を流した時間を求めよ。

解

(1) 単位時間あたりに発生するジュール熱（消費電力）P〔W〕は
$$P = 2 \times 5^2 = \underline{50 \text{〔W〕}}$$

(2) 水と銅の容器に与えられた熱エネルギー Q〔J〕は
$$Q = 200 \times 10 + 1000 \times 4.2 \times 10 = \underline{4.4 \times 10^4 \text{〔J〕}}$$

(3) 電流を t 秒間流したとする。電熱線から発生したジュール熱は Pt〔J〕であり，その 80 % が Q に等しい。
$$Pt \times 0.8 = Q$$
$$\therefore \quad t = \frac{Q}{P \times 0.8} = \frac{4.4 \times 10^4}{50 \times 0.8} = \underline{1.1 \times 10^3 \text{〔s〕}}$$

基

16 電場(電界)と電位

88. クーロンの法則 2個の正電荷 3×10^{-6} C と 8×10^{-4} C が 2 m 離れているとき，およぼし合う静電気力の大きさは $\boxed{\text{ア}}$ N であり，その向きは互いに $\boxed{\text{イ}}$ 合う向きである。ただし，電荷は点電荷とし，クーロンの法則の比例定数は 9×10^9 N·m²/C² とする。

89. 電場 正電荷 Q (2×10^{-9} C) から 3 m 離れた点 P の電場の強さは $\boxed{\text{ア}}$ N/C であり，その向きは $\boxed{\text{イ Q から P, P から Q}}$ の向きである。点 P に置かれた負電荷 -3 C には電場の向きと $\boxed{\text{ウ}}$ 向きに大きさ $\boxed{\text{エ}}$ N の力がはたらく。ただし，電荷は点電荷とし，クーロンの法則の比例定数は 9×10^9 N·m²/C² とする。

90. 電気力線 電気力線は $\boxed{\text{ア}}$ 電荷を始点として $\boxed{\text{イ}}$ 電荷を終点とする。電気力線上の各点での接線の向きは，その点の $\boxed{\text{ウ}}$ の向きと一致する。電気力線が密なところでは $\boxed{\text{エ}}$ が強い。

解答▼解説

88. 電荷には正負2種類あり，同種電荷どうしは反発し合い，異種電荷どうしは引き合う。この力を静電気力という。点電荷の場合，その大きさは2つの電荷の大きさの積に比例し，距離の2乗に反比例する。

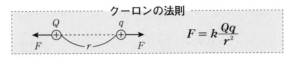

クーロンの法則

$$F = k\frac{Qq}{r^2}$$

(ア) $9 \times 10^9 \times \dfrac{3 \times 10^{-6} \times 8 \times 10^{-4}}{2^2} = \underline{5.4}$ 〔N〕 (イ) <u>反発し</u>

●●

89. 静電気力がはたらく空間を電場(電界)といい，**+1C にはたらく力をその点の電場(電界)**と定める。電場は向きと強さ(大きさ)をもつベクトルであり，その単位は N/C または V/m である。

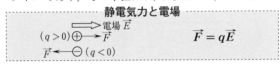

静電気力と電場

$$\vec{F} = q\vec{E}$$

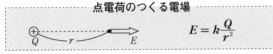

点電荷のつくる電場

$$E = k\frac{Q}{r^2}$$

(ア) $E = 9 \times 10^9 \times \dfrac{2 \times 10^{-9}}{3^2} = \underline{2}$ 〔N/C〕 (イ) <u>Q から P</u> (ウ) <u>逆</u>

(エ) 3〔C〕× 2〔N/C〕= $\underline{6}$〔N〕

●●

90. 電場の向きを連続的につらねて描いた曲線を電気力線という。電気力線は互いに交わったり，枝分かれすることはない。

(ア) <u>正</u>　(イ) <u>負</u>　(ウ) <u>電場</u>　(エ) <u>電場</u>

いくつかの電気力線の図を以下に示す。

  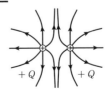

91. **電位**　＋2Cの電荷を電位の基準点（電位0V）からA点まで運ぶのに要する仕事が8Jであるとき，A点の電位は　ア　Vである。また，電位が6Vの点に置かれた ＋4Cの電荷のもつ位置エネルギーは　イ　Jである。

・・・

92. **電位差**　強さ5N/C(V/m)の一様な電場中に置かれた ＋4Cの電荷にはたらく力は　ア　Nである。また，電場の方向に0.6m離れた2点AB間の電位差（電圧）は　イ　Vである。

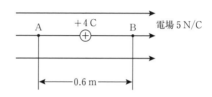

・・・

93. **等電位面**　電場中で　ア　の等しい点をつらねると等電位面ができる。電気力線は等電位面と　イ　に交わる。正の点電荷のまわりの等電位面（線）の様子を正しく表している図は　ウ　である。

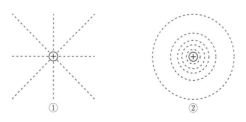

91. **+1 C の電荷がもつ位置エネルギーを電位という。電位は正負の**
符号をもち，その単位 〔J/C〕は〔V〕と表される。

> **静電気力による位置エネルギー**
> **電位 V 〔V〕の点で電荷 q 〔C〕がもつ位置エネルギー U 〔J〕**
> $$U = qV$$

(ア)　$V = \dfrac{8 \text{〔J〕}}{2 \text{〔C〕}} = \underline{4}$ 〔V〕　(イ)　$U = 4$ 〔C〕$\times 6$ 〔V〕$= \underline{24}$ 〔J〕

92.

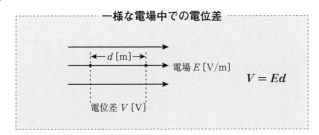

> **一様な電場中での電位差**
>
> d 〔m〕
> 電場 E 〔V/m〕
> $$V = Ed$$
> 電位差 V 〔V〕

※上式より電場の単位は〔V/m〕とも表せる。

(ア)　4 〔C〕$\times 5$ 〔N/C〕$= \underline{20}$ 〔N〕　(イ)　5 〔V/m〕$\times 0.6$ 〔m〕$= \underline{3}$ 〔V〕

93. **正の点電荷からの電気力線は，電荷から放射線状に出ていく。等**
電位面は電気力線と垂直に交わり，電荷をとり囲むように形成される。
(ア)　<u>電位</u>　(イ)　<u>垂直</u>　(ウ)　<u>②</u>
電気力線（実線）と等電位面（破線）の関係の例を示す。

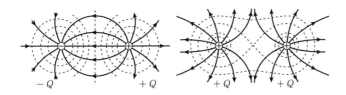

$-Q$　　$+Q$　　　　$+Q$　　$+Q$

94. はく検電器 はじめ，はくが閉じたままで帯電していなかったはく検電器に，図1のように，負に帯電した塩化ビニル棒を近づけるとはくは開く。このとき，はく検電器の金属板は ［ ア ］ に帯電し，はくは ［ イ ］ に帯電している。ここで，図2のように，塩化ビニル棒を近づけたままで，金属板を導線で接地するとはくは閉じる。しばらくして，図3のように，導線をはずし，塩化ビニル棒を遠ざけると，はくの開きははじめに比べて ［ ウ ］ なる。

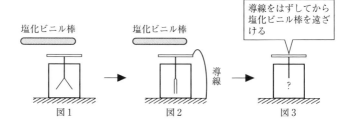

塩化ビニル棒　　　　塩化ビニル棒　　　　導線をはずしてから塩化ビニル棒を遠ざける

導線

図1　　　　　　　　図2　　　　　　　　図3

94.

　負に帯電した塩化ビニル棒を，はく検電器に近づけると静電誘導により，金属板は正_(ア)に，はくは負_(イ)に帯電し，はくは開く（図1）。

　ここで，金属板を接地すると，はくにたまっていた負電荷は地面に逃げるので，はくは閉じる（図2）。このとき，金属板の正電荷と塩化ビニル棒の負電荷は互いに静電気力で引き合っているので動けない。

　そして，導線をはずし塩化ビニル棒を遠ざけると，はく検電器全体は正に帯電し，再びはくは開く（図3）。そのときにはくに蓄えられている正電荷は，はじめにはくに蓄えられていた負電荷の量より小さくなる。したがって，はじめに比べればはくの開きは小さく_(ウ)なる。

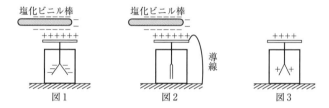

塩化ビニル棒　　　　　塩化ビニル棒

図1　　　　　　　図2　　　　　　　図3

例題 99

8×10^{-8} C, -4×10^{-8} C の電荷をもつ 2 個の同じ金属球が 0.2 m 離して置かれている。クーロンの法則の比例定数は $k = 9 \times 10^9$ N·m²/C² である。

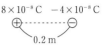

(1) 2 球の間にはたらく力は引力か反発力か，またその大きさはいくらか。

(2) 2 球をいちど触れさせてから，再び 0.2 m 離した。2 球のもつ電荷はいくらか。

(3) このときの力は引力か反発力か，また，その大きさはいくらか。

解

(1) 異種（異符号）の電荷であるから互いに引き合い引力となる。
クーロンの法則より力の大きさは

$$\frac{9 \times 10^9 \times 8 \times 10^{-8} \times 4 \times 10^{-8}}{(0.2)^2}$$
$$= \underline{7.2 \times 10^{-4}} \text{ (N)}$$

(2) 触れる前の全電荷は

$$8 \times 10^{-8} - 4 \times 10^{-8} = 4 \times 10^{-8} \text{ (C)}$$

である。この全電荷は一定（電気量保存）である。同じ金属球だから，触れた後のそれぞれの金属球の電荷は全電荷の半分になる。

$$\therefore \quad \frac{4 \times 10^{-8}}{2} = \underline{2 \times 10^{-8}} \text{ (C)}$$

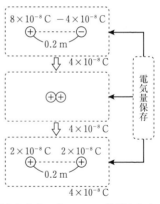

(3) 同種（同符号）の電荷であるから反発力となる。クーロンの法則より力の大きさは

$$\frac{9 \times 10^9 \times 2 \times 10^{-8} \times 2 \times 10^{-8}}{(0.2)^2} = \underline{9 \times 10^{-5}} \text{ (N)}$$

例題 **100**

2つの正電荷 P(8×10^{-6} C) と Q(2×10^{-6} C) が3m離れて固定されている。PとQを通る直線上に正電荷 q(4×10^{-8} C) を置く。クーロンの法則の比例定数を $k=9\times10^9$ N·m²/C² とする。

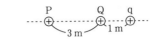

(1) Qから1m離れた点において，qが受ける力の大きさはいくらか。

(2) qが受ける力が0となるのは，Qからいくらの距離の所か。

解

(1) qがQから受ける力を F_Q とする。

$F_Q=k\dfrac{Qq}{r^2}$ より

$F_Q=9\times10^9\times\dfrac{2\times10^{-6}\times4\times10^{-8}}{1^2}$

$=7.2\times10^{-4}$ 〔N〕

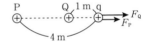

qがPから受ける力を F_P とする。

$F_P=9\times10^9\times\dfrac{8\times10^{-6}\times4\times10^{-8}}{4^2}=1.8\times10^{-4}$ 〔N〕

∴ $F_Q+F_P=\underline{9\times10^{-4}}$ 〔N〕

(2) 求める点はPQの間にある。距離を x とする。

qがQから受ける力 F_Q' は

$F_Q'=k\dfrac{2\times10^{-6}\times q}{x^2}$

qがPから受ける力 F_P' は

$F_P'=k\dfrac{8\times10^{-6}\times q}{(3-x)^2}$

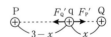

$F_Q'=F_P'$ となる x を求めればよい。$\dfrac{2\times10^{-6}}{x^2}=\dfrac{8\times10^{-6}}{(3-x)^2}$ より

$3x^2+6x-9=0$　すなわち　$(x+3)(x-1)=0$

∴ $x=-3,\ 1$

$x=-3$ は不適だから　$\underline{1}$ 〔m〕

質量 M，電荷 $q\,(q>0)$ の小球 P をひもでつり下げ，電荷 $-2q$ の小球 Q をゆっくり近づけたところ，ひもは ϕ だけ傾いて静止した。P と Q は同一水平面内にあり，重力加速度の大きさを g，クーロンの法則の比例定数を k とする。

(1) 張力 T はいくらか。

(2) P，Q 間にはたらく静電気力 F はいくらか。

(3) P，Q 間の距離 r はいくらか。

解

(1) 鉛直方向の力のつり合いは

$$T\cos\phi = Mg$$

$$\therefore\quad T = \frac{Mg}{\cos\phi}$$

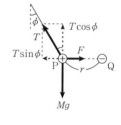

(2) 水平方向の力のつり合いは

$$F = T\sin\phi$$

$$\therefore\quad F = \frac{Mg}{\cos\phi}\cdot\sin\phi = \underline{Mg\tan\phi}$$

$$\left(\;Mg,\ F\ および\ T\ は直角三角形をなす。\quad\vphantom{\frac{1}{1}}\;\right)$$

(3) クーロンの法則より，F は

$$F = k\frac{q\times 2q}{r^2} = \frac{2kq^2}{r^2}$$

(2)より $F = Mg\tan\phi$ だから

$$\frac{2kq^2}{r^2} = Mg\tan\phi$$

$$\therefore\quad r = q\sqrt{\frac{2k}{Mg\tan\phi}}$$

例題 102

x 軸上 $x = l$ の位置に $-q$, $x = -l$ に $2q$ の電荷がある。

(1) クーロンの法則の比例定数を k として, y 軸上の点 P での電場の強さを求めよ。

(2) x 軸上で電場の強さが 0 となる位置 (x 座標) を求めよ。

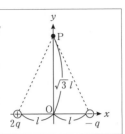

解

(1) $+1\,\mathrm{C}$ にはたらく力が電場である。$2q$, $-q$ による電場の強さを E_1, E_2 とすると,

$$E_1 = k\frac{2q}{(2l)^2}$$

$$E_2 = k\frac{q}{(2l)^2}$$

P での合成電場の x 成分 E_x, y 成分 E_y は

$$E_x = E_1\cos 60° + E_2\cos 60° = \frac{3kq}{8l^2}$$

$$E_y = E_1\sin 60° - E_2\sin 60° = \frac{\sqrt{3}\,kq}{8l^2}$$

$$\therefore\quad E_P = \sqrt{E_x{}^2 + E_y{}^2}$$
$$= \frac{\sqrt{12}\,kq}{8l^2} = \underline{\frac{\sqrt{3}\,kq}{4l^2}}$$

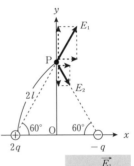

ココが ポイント　合成電場はベクトルの和： $\overrightarrow{E_P} = \overrightarrow{E_1} + \overrightarrow{E_2}$

(2) $x < -l$ では, 電場は常に $-x$ 方向を向く。

$-l < x < l$ では, 電場は常に $+x$ 方向を向く。

求める位置は $l < x$ である。

$2q$, $-q$ による電場の強さを $E_1{}'$, $E_2{}'$ とすると

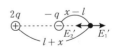

$$E_1{}' = k\frac{2q}{(l+x)^2}, \qquad E_2{}' = k\frac{q}{(x-l)^2}$$

$E_1{}' = E_2{}'$ より $x^2 - 6xl + l^2 = 0$　2次方程式の解の公式より

$$x = (3 + 2\sqrt{2})l,\ (3 - 2\sqrt{2})l$$

$(3 - 2\sqrt{2})l$ は l より小さく不適だから, $x = \underline{(3 + 2\sqrt{2})l}$

正方形 XYZW (辺の長さ L) の各頂点に $-2q$, $-q$, $+2q$, $-q$ の電荷がそれぞれ固定されている。正方形の中心 P での合成電場を以下の順序で求めてみる。

ただし，クーロンの法則の比例定数を k とする。

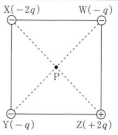

(1) X の電荷 $(-2q)$ により生じる電場を求めよ。

(2) Z の電荷 $(+2q)$ により生じる電場を求めよ。

(3) Y の電荷 $(-q)$ による電場と W の電荷 $(-q)$ による電場を合成した電場を求めよ。

(4) P での合成電場を求めよ。

解

(1) $XP = \dfrac{L}{\sqrt{2}}$ より，強さ E_X は

$$E_X = k\frac{2q}{(L/\sqrt{2})^2} = \frac{4kq}{L^2}$$

向きは，P → X

(2) $ZP = \dfrac{L}{\sqrt{2}}$ より，強さ E_Z は

$$E_Z = k\frac{2q}{(L/\sqrt{2})^2} = \frac{4kq}{L^2}$$

向きは，P → X

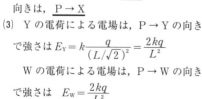

(3) Y の電荷による電場は，P → Y の向きで強さは $E_Y = k\dfrac{q}{(L/\sqrt{2})^2} = \dfrac{2kq}{L^2}$

W の電荷による電場は，P → W の向きで強さは $E_W = \dfrac{2kq}{L^2}$

これらを合成すると打ち消し合って $\underline{0}$ となる。

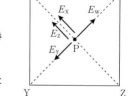

(4) 結局，P での合成電場は P → X の向きであり，強さは $E_X + E_Z = \dfrac{8kq}{L^2}$

例題 104

広い平面状の金属板で作られた極板 A と極板
B を、図のように間隔 $d = 2.5 \times 10^{-1}$〔m〕離して
平行に置いてある。極板 A と B の間の電場を調
べたところ、一様な強さ $E = 4.8 \times 10^2$〔V/m〕で、
A から B の向きであった。

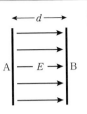

(1) 極板 B を接地し、その電位を 0 V とすると、
   極板 A の電位は ア である。
(2) 極板間に、-1.5×10^{-8} C の点電荷を置いたところ、 イ
   の力を ウ 方向に受けた。同じ点電荷を、極板 A から極板
   B まで移動させるのに要する仕事は エ である。

解

(1) AB 間は、1 m につき 4.8×10^2 V の電位差が生じている。AB 間の電位
   差は
   $$V_{AB} = E \times d = 4.8 \times 10^2 〔V/m〕 \times 2.5 \times 10^{-1} 〔m〕 = 1.2 \times 10^2 〔V〕$$
   図の電気力線の向きから B より A の方が高電位である。したがって、
   $$V_B = 0, \quad V_A = \underline{+1.2 \times 10^2 〔V〕}_{(ア)}$$

(2) AB 間は、$+1$ C に 4.8×10^2 N の力が A→B の向きにはたらく。
   したがって、-1.5×10^{-8} C にはたらく静電気力は
   $$1.5 \times 10^{-8} 〔C〕 \times 4.8 \times 10^2 〔V/m〕 = \underline{7.2 \times 10^{-6} 〔N〕}_{(イ)}$$
   また、静電気力の向きは $\underline{B から A への向き}_{(ウ)}$ である。

   A から B まで電荷を、静電気力に抗して移動させる
   には、静電気力に等しい力 $(7.2 \times 10^{-6} N)$ を右向きに
   加えなければいけない。この力のする仕事 W は
   $$W = 7.2 \times 10^{-6} 〔N〕 \times 2.5 \times 10^{-1} 〔m〕$$
   $$= \underline{1.8 \times 10^{-6} 〔J〕}_{(エ)}$$

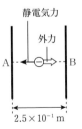

別解 エネルギーと仕事の関係 (外力のする仕事
   = 位置エネルギーの変化) を適用すれば
   $$W = qV_B - qV_A = q(V_B - V_A)$$
   $$= -1.5 \times 10^{-8} \times (0 - 1.2 \times 10^2) = \underline{1.8 \times 10^{-6} 〔J〕}$$

一様な電場中で，0.40 m 離れた2点 XY 間の電位差は 1.2×10^3 V であった。

(1) 電場の強さはいくらか。

(2) 点 X に静かに正電荷(質量 9.0×10^{-9} kg，電荷 1.5×10^{-9} C) を置いたところ，正電荷は動きだした。正電荷にはたらく力の大きさはいくらか。また，そのときの加速度の大きさはいくらか。

(3) 正電荷が点 X から点 Y まで移動するまでの間に静電気力がした仕事はいくらか。

(4) 正電荷が点 Y を通過した瞬間の速さはいくらか。

解

(1) $V = Ed$ より $E = \dfrac{V}{d} = \dfrac{1.2 \times 10^3}{0.40} = \underline{3.0 \times 10^3}$ 〔V/m〕

(2) $F = qE$ より $F = 1.5 \times 10^{-9} \times 3.0 \times 10^3 = \underline{4.5 \times 10^{-6}}$ 〔N〕

　力の向きは X から Y の向きである。したがって，加速度は X から Y の向きで，その大きさを a とすると，運動方程式より

$$a = \frac{F}{m} = \frac{4.5 \times 10^{-6}}{9.0 \times 10^{-9}} = \underline{5.0 \times 10^2}$$ 〔m/s²〕

(3) 電荷は静電気力 $F = 4.5 \times 10^{-6}$ 〔N〕により，静電気力の向きに $d = 0.40$ 〔m〕だけ移動したから，仕事を W とすると

$$W = F \cdot d = 4.5 \times 10^{-6} \times 0.40 = \underline{1.8 \times 10^{-6}}$$ 〔J〕

別解 (静電気力のする仕事) $= -$ (位置エネルギーの変化) より

$$W = -(qV_Y - qV_X) = q(V_X - V_Y) = qV$$

ここで，$V = V_X - V_Y = 1.2 \times 10^3$ 〔V〕だから

$$W = 1.5 \times 10^{-9} \text{〔C〕} \times 1.2 \times 10^3 \text{〔V〕} = \underline{1.8 \times 10^{-6}}$$ 〔J〕

(4) (3)で求めた静電気力のした仕事が，結局，電荷の運動エネルギーの増加になる。

$$\frac{1}{2}mv^2 = W = qV$$ より

$$v = \sqrt{\frac{2qV}{m}} = \sqrt{\frac{2 \times 1.8 \times 10^{-6}}{9.0 \times 10^{-9}}} = \underline{20}$$ 〔m/s〕

例題 106

xy 平面上の 2 点 $(0, l)$, $(0, -l)$ にそれぞれ点電荷 $+q$ と $-q$ を置く。クーロンの法則の比例定数を k とし，電位は無限遠を基準とする。

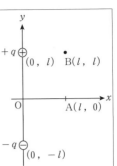

(1) 点 O，A，B の電位はそれぞれいくらか。

(2) 電荷 Q の点電荷を O → A → B と運ぶのに要する仕事はいくらか。

解

(1) $+q$ による点 O での電位を V_1 とすると $V_1 = \dfrac{kq}{l}$

$-q$ による点 O での電位を V_2 とすると $V_2 = -\dfrac{kq}{l}$

点 O における電位 V_0 は

$V_0 = V_1 + V_2 = \underline{0}$

点 A，B においても同様にして

$V_A = \dfrac{kq}{\sqrt{2}\,l} - \dfrac{kq}{\sqrt{2}\,l} = \underline{0}$

$V_B = \dfrac{kq}{l} - \dfrac{kq}{\sqrt{5}\,l} = \underline{\left(1 - \dfrac{1}{\sqrt{5}}\right)\dfrac{kq}{l}}$

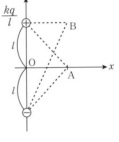

点 O，A に限らず x 軸は電位 0 の等電位面上にあることを確かめるとよい。

> **点電荷による電位**
> $V = k\dfrac{q}{r}$ （q は符号付き）

(2) エネルギー保存則より，外力のした仕事は位置エネルギーの変化に等しい。

$W = W_{OA} + W_{AB} = (QV_A - QV_0) + (QV_B - QV_A)$

$= QV_B - QV_0 = \underline{\left(1 - \dfrac{1}{\sqrt{5}}\right)\dfrac{kqQ}{l}}$

この，$W = QV_B - QV_0$ は，**仕事が途中の経路に無関係で，直接 O → B と考えて求めてよいことを意味している。**

 電場はベクトル和　　電位はスカラー和

例題 **107**

正電荷 S のまわりの電位の様子が 0.5
〔V〕ごとの等電位面（線）で示されてい
る。点 E を通る等電位面は 0〔V〕である。

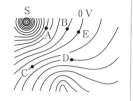

(1) 点 C を通る電気力線を破線で図示せ
よ。

(2) 点 A の電位はいくらか。

(3) 点 A, B, C のうち, 最も電場が強いところはどこか。

(4) −0.1〔C〕の負電荷を, 点 E から点 D までゆっくり運ぶのに必
要な仕事 W_1 はいくらか。また, 0.2〔C〕の正電荷を A → B → E
→ A の順にゆっくり運ぶのに必要な仕事 W_2 はいくらか。

解

(1) 電気力線は等電位面に直交することから
右図が得られる。

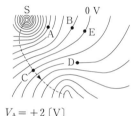

(2) 正電荷 S に近づくにつれて電位は上昇
する。点 A は点 E から数えて 4 段目の等
電位面上にある。したがって点 A は点 E
より 0.5×4 = 2〔V〕だけ電位が高い。　∴　$V_A = \underline{+2\,〔V〕}$

(3) $V = Ed$ より, $E = V/d$ となる。電位差 V が等しければ, 距離（間隔）
d が小さいほど電場は強い。このことから等電位面の間隔が狭い場所が,
より電場は強いことになる。したがって点 A, B, C のうちでは点 A が最
も電場が強いことがわかる。

(4) $W_1 = q(V_D − V_E)$ より, $q = −0.1〔C〕$, $V_D = −1〔V〕$, $V_E = 0〔V〕$ を
代入して
$$W_1 = −0.1×(−1) = \underline{0.1\,〔J〕}$$
また, 静電気力に抗してした仕事は途中の道筋には関係ないので
$$W_2 = q(V_A − V_A) = \underline{0}$$

（外力のした仕事）＝（位置エネルギーの変化）
また,（静電気力のした仕事）＝ −（外力のした仕事）

17　コンデンサー

95. **コンデンサー**　電気容量 $C = 2 \times 10^{-8}$〔F〕，極板間隔 $d = 2 \times 10^{-2}$〔m〕の平行平板コンデンサーがある。極板間の電位差 $V = 50$〔V〕のとき，コンデンサーに蓄えられている電気量 Q は $Q = \boxed{\quad ア \quad}$〔C〕である。また，極板間には一様な電場ができていて，その強さは $E = \boxed{\quad イ \quad}$〔V/m〕である。

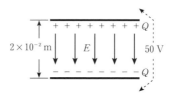

96. **電気容量**　電気容量が $20\,\mu\mathrm{F}$ の平行平板コンデンサーがある。このコンデンサーの極板間隔を変えることなく，極板面積のみを2倍にすると，電気容量は $\boxed{\quad ア \quad}\,\mu\mathrm{F}$ となる。

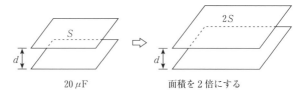

20 μF　　　　　　　面積を2倍にする

また，極板面積を変えることなく，極板間隔のみを2倍にすると，電気容量は $\boxed{\quad イ \quad}\,\mu\mathrm{F}$ となる。

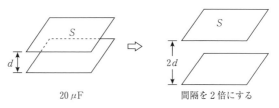

20 μF　　　　　　　間隔を2倍にする

解答▼解説

95.

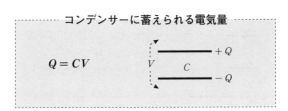

コンデンサーに蓄えられる電気量

$$Q = CV$$

(ア)　$Q = CV$ より　$2 \times 10^{-8} \times 50 = \underline{1 \times 10^{-6}}$〔C〕

(イ)　$V = Ed$ より　$E = \dfrac{V}{d} = \dfrac{50}{2 \times 10^{-2}} = \underline{2.5 \times 10^3}$〔V/m〕

96.　平行平板コンデンサーの電気容量 C は，極板間隔 d に反比例し，極板の面積 S に比例する。真空の誘電率を ε_0 とする。

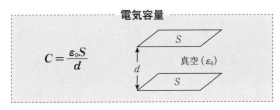

電気容量

$$C = \dfrac{\varepsilon_0 S}{d}$$

(ア)　電気容量は極板面積に比例する。面積が 2 倍になれば，電気容量も 2 倍となるので，$2 \times 20 = \underline{40}$〔$\mu$F〕

(イ)　電気容量は極板間隔に反比例する。間隔が 2 倍になれば，電気容量は $\dfrac{1}{2}$ 倍となるので，$\dfrac{1}{2} \times 20 = \underline{10}$〔$\mu$F〕

ここで　1〔μF〕 $= 10^{-6}$〔F〕

97. **静電エネルギー** 電気容量が$3\,\mu\mathrm{F}$のコンデンサーがある。極板間の電位差が$6\,\mathrm{V}$のとき（図a），このコンデンサーに蓄えられている静電エネルギーは□ ア □Jである。また，このコンデンサーに蓄えられている電気量が$60\,\mu\mathrm{C}$のとき（図b）の静電エネルギーは□ イ □Jである。

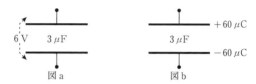

図a　　　　　　　図b

・・

98. **合成容量** 電気容量が$6\,\mu\mathrm{F}$と$3\,\mu\mathrm{F}$の2つのコンデンサーがある。図aのように，これらのコンデンサーを並列に接続したときの合成容量は□ ア □$\mu\mathrm{F}$であり，起電力が$4\mathrm{V}$の電池で充電したとき，蓄えられる電気量$Q=Q_1+Q_2$は□ イ □$\mu\mathrm{C}$である。一方，図bのように，これらのコンデンサーを直列に接続したときの合成容量は□ ウ □$\mu\mathrm{F}$であり，蓄えられる電気量Qは□ エ □$\mu\mathrm{C}$となる。

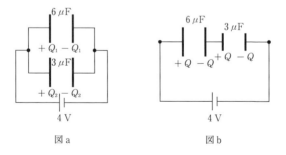

図a　　　　　　　図b

97.

> **静電エネルギー**
>
> $$U = \frac{1}{2}CV^2 = \frac{1}{2}QV = \frac{Q^2}{2C}$$

(ア)　$U = \dfrac{1}{2}CV^2$ および，$1 (\mu\text{F}) = 10^{-6} (\text{F})$ より

$$U = \frac{1}{2}(3 \times 10^{-6}) \times 6^2 = \underline{5.4 \times 10^{-5}} (\text{J})$$

(イ)　$U = \dfrac{Q^2}{2C}$ および，$1 (\mu\text{C}) = 10^{-6} (\text{C})$ より

$$U = \frac{1}{2} \times \frac{(60 \times 10^{-6})^2}{3 \times 10^{-6}} = \underline{6 \times 10^{-4}} (\text{J})$$

• •

98.　(ア)　$C = C_1 + C_2 = 6 + 3 = \underline{9} (\mu\text{F})$

(イ)　$Q = CV$ より

$$\begin{aligned} Q &= 9 \times 10^{-6} \times 4 \\ &= 36 \times 10^{-6} (\text{C}) \\ &= \underline{36} (\mu\text{C}) \end{aligned}$$

　　(μF) と (μC) を同時に用いると
　　　$Q (\mu\text{C}) = C (\mu\text{F}) \times V (\text{V})$
としてよい。

> **並列接続の合成容量**
>
>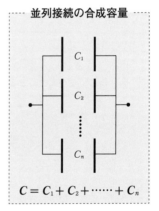
>
> $$C = C_1 + C_2 + \cdots\cdots + C_n$$

(ウ)　$\dfrac{1}{C} = \dfrac{1}{C_1} + \dfrac{1}{C_2} = \dfrac{1}{6} + \dfrac{1}{3}$

　　$\therefore\ C = \underline{2} (\mu\text{F})$

(エ)　$Q = CV$

$$\begin{aligned} &= 2 (\mu\text{F}) \times 4 (\text{V}) \\ &= \underline{8} (\mu\text{C}) \end{aligned}$$

> **直列接続の合成容量**
>
>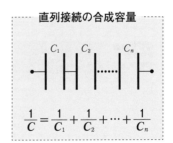
>
> $$\frac{1}{C} = \frac{1}{C_1} + \frac{1}{C_2} + \cdots + \frac{1}{C_n}$$

図のように，起電力が 200V の電池，電気容量 $6\,\mu\mathrm{F}$ のコンデンサーおよびスイッチからなる回路がある。

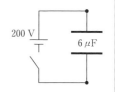

(1) スイッチを閉じ十分時間が経過した後，蓄えられている電気量はいくらか。

(2) 次にスイッチを開き，コンデンサーの極板間隔を3倍にする。このとき，極板間の電位差 V' はいくらになるか。

(3) (1)の状態で，スイッチを閉じたまま，極板間隔を3倍にする。このとき，蓄えられている電気量 Q' はいくらになるか。

解

(1) $Q = CV = 6\,(\mu\mathrm{F}) \times 200\,(\mathrm{V})$
$$= \underline{1200\,(\mu\mathrm{C})}$$

(2) スイッチを開くと，蓄えられている電気量 $1200\,\mu\mathrm{C}$ は変わらない。極板間隔が3倍になると，電気容量は $1/3$ 倍（$C' = 2\,(\mu\mathrm{F})$）になる。$Q = C'V'$ より

$$V' = \frac{1200\,(\mu\mathrm{C})}{2\,(\mu\mathrm{F})} = \underline{600\,(\mathrm{V})}$$

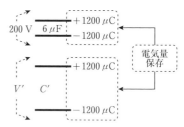

(3) スイッチは閉じた（電池が接続された）ままであるから，電位差は常に 200V に保たれている。電気容量は $C' = 2\,(\mu\mathrm{F})$ だから

$$Q' = C' \times 200 = \underline{400\,(\mu\mathrm{C})}$$

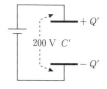

ココが
ポイント

スイッチを開いたまま　⇨　電気量は変わらない
スイッチを閉じたまま　⇨　電位差は変わらない

例題 109

平行平板コンデンサーが真空中にある。図のように，このコンデンサーに 4×10^{-7}C の電気量を与えたら，極板間の電位差が 5×10^3V となった。

5×10^3 V $+4 \times 10^{-7}$ C

   -4×10^{-7} C

(1) このコンデンサーの電気容量を求めよ。

(2) 極板間を比誘電率が 2 の誘電体で満たすとき，極板間の電位差はいくらになるか。また，電場の強さは極板間が真空の場合と比べて何倍となっているか。ただし，電気量は変化しないものとする。

解

(1) $Q = CV$ より

$$C = \frac{Q}{V} = \frac{4 \times 10^{-7}}{5 \times 10^3} = \underline{8 \times 10^{-11} \, \text{[F]}}$$

(2) 誘電体で満たされたコンデンサーの電気容量は元の電気容量より大きくなる。比誘電率を ε_r とすると，$C' = \varepsilon_r C$ より

$$C' = 2 \times 8 \times 10^{-11} = 16 \times 10^{-11} \, \text{[F]}$$

コンデンサーに蓄えられている電気量は変わらないから，電位差 V' は

$V' = Q/C'$ より

$$V' = \frac{4 \times 10^{-7}}{16 \times 10^{-11}} = \underline{2.5 \times 10^3 \, \text{[V]}}$$

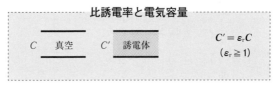

比誘電率と電気容量

C 真空 C' 誘電体 $C' = \varepsilon_r C$ $(\varepsilon_r \geqq 1)$

極板間隔を d[m] とすると，極板間が真空の場合の電場の強さ E は

$$E = \frac{5 \times 10^3}{d} \, \text{[V/m]}$$

一方，誘電体で満されたときの電場の強さ E' は

$$E' = \frac{V'}{d} = \frac{2.5 \times 10^3}{d} \, \text{[V/m]} \quad \text{したがって，}$$

$$\frac{E'}{E} = \frac{2.5 \times 10^3}{d} \times \frac{d}{5 \times 10^3} = \underline{\frac{1}{2}} \, \text{倍となる。一般に} \frac{1}{\varepsilon_r} \, \text{倍となる。}$$

例題 **110**

　電気容量が $9\,\mu$F と $1\,\mu$F のコンデンサー C_1 と C_2,起電力が $100\,$V の電池およびスイッチが図のように接続されている。スイッチを閉じて十分に時間が経過した。

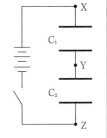

(1)　C_1 と C_2 に蓄えられている電気量をそれぞれ求めよ。

(2)　C_1 と C_2 に蓄えられている静電エネルギーの和を求めよ。

(3)　C_1 および C_2 の電位差をそれぞれ求めよ。

解

(1)　直列接続だから,蓄えられている電気量は等しい。

合成容量 C は　$\dfrac{1}{C} = \dfrac{1}{C_1} + \dfrac{1}{C_2} = \dfrac{1}{9} + \dfrac{1}{1}$ より

$C = 0.9\,(\mu\text{F})$ となり,電気量は

$Q = 0.9 \times 100 = \underline{90\,(\mu\text{C})}$

(2)　$C = 0.9\,(\mu\text{F}) = 0.9 \times 10^{-6}\,(\text{F})$ のコンデンサーが 100V で充電されたので,静電エネルギーは

$$U = \frac{1}{2}CV^2 = \frac{1}{2} \times 0.9 \times 10^{-6} \times 100^2$$

$$= \underline{4.5 \times 10^{-3}\,(\text{J})}$$

(3)　C_1 には $90\,\mu$C が蓄えられているから,

$$V_1 = \frac{90\,(\mu\text{C})}{9\,(\mu\text{F})} = \underline{10\,(\text{V})}$$

同様に,

$$V_2 = \frac{90\,(\mu\text{C})}{1\,(\mu\text{F})} = \underline{90\,(\text{V})}$$

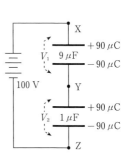

$V_1 + V_2 = 100$(V)(電池の起電力)となることに注意しよう。

—192—

例題 111

C₁, C₂, C₃ は電気容量がそれぞれ 10 μF, 20 μF, 60 μF のコンデンサーである。E は起電力 180 V の電池, S はスイッチである。はじめ, すべてのコンデンサーには電気量はなくスイッチは開いている。

(1) XY 間の合成容量を求めよ。

(2) XZ 間の合成容量を求めよ。

スイッチ S を閉じて十分時間がたった後,

(3) XY 間および YZ 間の電位差を求めよ。

(4) コンデンサー C₁, C₂, C₃ に蓄えられる電気量をそれぞれ求めよ。

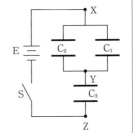

解

(1) XY 間は C_1 と C_2 の並列接続であるから
$$C_1 + C_2 = \underline{30\ [\mu F]}$$

(2) XZ 間は $30\,\mu F$ と $60\,\mu F$ の直列接続であるから
$$\frac{1}{C} = \frac{1}{30} + \frac{1}{60} \quad \text{より} \quad C = \underline{20\ [\mu F]}$$

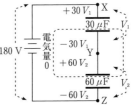

(3) 求める電位差を V_1, V_2 とすると, 蓄えられる電気量はそれぞれ $30\,V_1\,[\mu C]$, $60\,V_2\,[\mu C]$ である。

XZ 間の電位差は電池の起電力 180 [V] に等しいので
$$180 = V_1 + V_2$$
また, Y 点につながる極板の電気量保存より
$$0 = -30\,V_1 + 60\,V_2$$
これらを解いて $\quad V_1 = \underline{120\ [V]}, \quad V_2 = \underline{60\ [V]}$

(4) C_1 と C_2 は並列であるから, 電位差は等しく $V_1 = 120$ [V]
$$q_1 = C_1 \times V_1 = 10\ [\mu F] \times 120\ [V] = \underline{1200\ [\mu C]}$$
$$q_2 = C_2 \times V_1 = 20\ [\mu F] \times 120\ [V] = \underline{2400\ [\mu C]}$$

C_3 の電位差は $V_2 = 60$ [V] であるから
$$q_3 = C_3 \times V_2 = 60\ [\mu F] \times 60\ [V] = \underline{3600\ [\mu C]}$$

電気容量 C，極板間隔 d の平行平板コンデンサーがある。起電力 V の電池で充電した後，電池を切り離し，図のように極板の間に極板と等しい面積で，厚さ $d/3$ の金属板を極板に平行に挿入した。

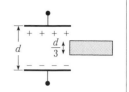

(1)　電気容量はいくらになるか。
(2)　極板間の電位差はいくらになるか。

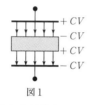

図1

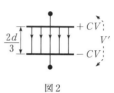

図2

(1)　充電された極板は $\pm CV$ の電気量をもつ。この間に金属板を入れると，金属の表面には，静電誘導により $\pm CV$ の電気量が生じる。その結果，金属内部の電場は 0 となり，電気力線が金属内を通らない（図1）。また，金属板は等電位であるから，電位差の点では極板間隔は，d から金属板の厚さ $d/3$ をさし引いた $2d/3$ と同等である（図2）。すなわち，極板間隔が d から $2d/3$ に減少したと考えてよい。電気容量は極板間隔に反比例するから

$$C' = \frac{3}{2}C$$

(2)　蓄えられている電気量は CV だから

電位差 V' は　$V' = \dfrac{CV}{C'} = \dfrac{2}{3}V$

金属板を挿入した場合の電気容量
⇨ 金属板の厚さの分だけ極板間隔が狭くなったのと同等

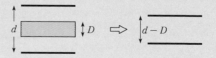

例題 113

電気容量 $C = 3$〔μF〕の平行平板コンデンサーに，起電力 $V = 30$〔V〕の電池を接続し，図のように極板間を比誘電率 $\varepsilon_r = 2$ の誘電体 (厚さは極板間距離の 1/2) で満たした。

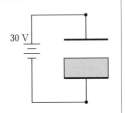

(1) コンデンサーの電気容量はいくらになるか。

(2) 蓄えられている電気量を求めよ。

解

(1) このコンデンサーは，真空からなるコンデンサー C_1 と誘電体からなるコンデンサー C_2 の直列接続と同等である。真空からなるコンデンサーは元のコンデンサーに比べて極板間隔が半分になっているから，$C_1 = 2C = 6$〔μF〕である。誘電体からなるコンデンサーは元のコンデンサーに比べて極板間隔は半分になっているが，

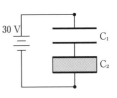

比誘電率は $\varepsilon_r = 2$ であるから，$C_2 = 2C \times \varepsilon_r = 4C = 12$〔$\mu$F〕である。直列接続の合成容量 C' は

$$\frac{1}{C'} = \frac{1}{C_1} + \frac{1}{C_2} = \frac{1}{6} + \frac{1}{12}$$

$$C' = \underline{4 \text{〔}\mu\text{F〕}}$$

(2) $Q = C'V$ より

$$Q = 4 \times 30 = \underline{120 \text{〔}\mu\text{C〕}}$$

誘電体を挿入した場合の電気容量

⇨ **コンデンサーを分解して，合成容量の公式で計算**

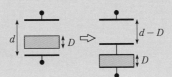

　30 V に充電された 2 つのコンデンサー C_1
($10\,\mu F$) と C_2($20\,\mu F$)，起電力 90 V の電池およ
びスイッチ S からなる回路がある。スイッチ S
を閉じて十分に時間がたった後，C_1 および C_2
に蓄えられる電気量と電位差をそれぞれ求めよ。

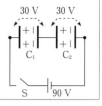

解

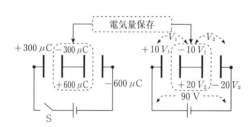

　S を閉じた後の C_1 と C_2 の電位差を V_1，V_2 とする。図の破線で囲まれた
部分は外部から孤立しているので，S を閉じて全体の状態が変化しても，電
気量は一定である（電気量保存）。したがって，

$$-300 + 600 = -10V_1 + 20V_2 \qquad \cdots\cdots ①$$

　ただし，単位は μC である。また，S を閉じることにより電池の起電力
90 V は C_1 と C_2 のコンデンサー全体にかかるので，

$$90 = V_1 + V_2 \qquad\qquad \cdots\cdots\cdots ②$$

式①，②より

$$V_1 = \underline{50\,〔V〕} \qquad V_2 = \underline{40\,〔V〕}$$

また，C_1 に蓄えられる電気量は　$Q_1 = C_1 V_1 = \underline{500\,〔\mu C〕}$
C_2 に蓄えられる電気量は　$Q_2 = C_2 V_2 = \underline{800\,〔\mu C〕}$

なお，このように<u>コンデンサーが初めに充電されているときは，直列接続の
公式が使えない</u>ことに注意したい。

　　孤立した部分では電気量は保存される。

例題 115

はじめ，スイッチ S は開いており，コンデンサー X(6 μF) およびコンデンサー Y(9 μF) には電気量はない。

(1) S を A に接続して十分時間が経過した後，Y に蓄えられている電気量はいくらか。

(2) 次に，S を B に切りかえて十分時間が経過した後，X に蓄えられている電気量はいくらか。

(3) 再び S を A に切りかえて十分時間が経過した後，B に切りかえる。B の電位はいくらになるか。

解

(1) Y は 100 V で充電される。9 〔μF〕× 100 〔V〕= <u>900 〔μC〕</u>

(2) X には Y から，電気量 q〔μC〕が流れこみ，X の電位差 $\dfrac{q}{6}$〔V〕と Y の電位差 $\dfrac{900-q}{9}$〔V〕は等しくなる。

$$\frac{q}{6} = \frac{900-q}{9} \quad \therefore \quad q = \underline{360 \,〔\mu C〕}$$

(3)

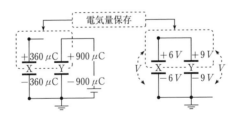

Y は再び 100 V で充電される。このとき，X には 360 μC，Y には 900 μC の電気量が蓄えられている。S を B に切りかえると，Y から X に電気量が流れこみ，X と Y の電位差 V は等しくなる。X と Y に蓄えられる電気量はそれぞれ $6V$〔μC〕，$9V$〔μC〕である。電気量保存より

$$360 + 900 = 6V + 9V \quad \therefore \quad V = \frac{1260}{15} = 84 \,〔V〕$$

接地（アース）の記号は回路上電位のゼロ点を示すから，B の電位は <u>+84 〔V〕</u>である。

【例題】**116**

図のような回路がある。スイッチS
を閉じ，十分時間が経過した後にSを
開いた。

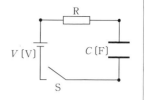

(1) コンデンサーに蓄えられた電気量
はいくらか。

(2) この状態で，極板間隔を2倍に広げたとき，コンデンサーの電
位差はいくらになるか。

(3) 極板間隔を2倍に広げるために必要な仕事はいくらか。

(4) ここで，再びSを閉じた。Sを閉じてから十分時間が経過する
までの間に，抵抗Rを通った電気量はいくらか。

【解】

(1) スイッチを開いても電気量は変わらない。 $Q = \underline{CV}$ [C]

(2) コンデンサーの電気容量は $C/2$ [F] になる。また，Sは開いたままの状
態だから，電気量は変化せず $Q = CV$ [C] である。したがって，電位差
V' は

$$V' = \frac{Q}{C/2} = \frac{CV}{C/2} = \underline{2V} \text{ [V]}$$

(3) "外力のする仕事 ＝ 静電エネルギーの変化" である。(1)の状態での静電
エネルギーは $U_1 = \frac{1}{2}CV^2$ [J]，(2)の状態では $U_2 = \frac{1}{2}(\frac{C}{2})V'^2 = CV^2$ [J]
である。求める仕事 W [J] は

$$W = U_2 - U_1 = \underline{\frac{1}{2}CV^2} \text{ [J]}$$

(4)

Sを閉じる前は，コンデンサーの電位差は $2V$ [V] である。Sを閉じる
とコンデンサーは電荷の一部を放電により失い，電池の起電力と等しい電
位差になる。 $\therefore \quad \Delta Q = CV - \frac{1}{2}CV = \underline{\frac{1}{2}CV}$ [C]

━ 例題 **117** ━

真空中において, 面積 S 〔m²〕, 極板間隔 d 〔m〕の平行平板コンデンサーがある。このコンデンサーの極板にそれぞれ $+Q$ 〔C〕および $-Q$ 〔C〕の電気量を与えると, 両極板は静電気力により引き合う。この力の大きさ F を求めてみよう。

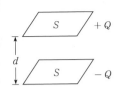

真空の誘電率を ε_0 〔F/m〕とすると, 電気容量は ア 〔F〕, 静電エネルギー U 〔J〕は $U = $ イ と表される。

いま, コンデンサーの極板間隔を x 〔m〕だけ広げる。その結果, コンデンサーの静電エネルギー U' 〔J〕は $U' = $ ウ となる。一方, 両極板が引き合う力の大きさを F 〔N〕とすると, 極板間隔を x 〔m〕だけ広げるために外部から加えた仕事は $F \cdot x$ 〔J〕である。これはコンデンサーの静電エネルギーの増加分 $U' - U$ 〔J〕と等しいから $F = $ エ が成り立つ。

解

(ア) 平行平板コンデンサーだから, $C = \underline{\varepsilon_0 S/d}$ である。

(イ) 静電エネルギーの公式より $U = Q^2/2C = \underline{Q^2 d/2\varepsilon_0 S}$ (図1)

図1　$\updownarrow d$ ┃ ──── $+Q$ / C / ──── $-Q$　⟹　図2　$\updownarrow d+x$ ┃ ──── $+Q$ / C' / ──── $-Q$

図1　　　　　　図2

(ウ) 極板間隔は $d+x$ となるから, 電気容量は $C' = \varepsilon_0 S/(d+x)$ となる。また, 電気量 Q は変わらないから, 静電エネルギーは
$$U' = Q^2/2\,C' = \underline{Q^2(d+x)/2\,\varepsilon_0 S} \text{ (図2)}$$

(エ) エネルギー保存則より, $Fx = U' - U = Q^2 x/2\,\varepsilon_0 S$ である。したがって,
$$F = \underline{Q^2/2\,\varepsilon_0 S}$$

(注) 図1, 図2どちらの場合においても電場の強さは $E = Q/\varepsilon_0 S$ と表せる。この E を用いると $F = \dfrac{Q}{2} \times \dfrac{Q}{\varepsilon_0 S} = \dfrac{1}{2}QE$ と表せる。

18 直流回路

99. オームの法則と電子の運動

長さ l〔m〕の導体に電圧 V〔V〕をかける。この導体中での電場の強さは ア 〔V/m〕である。電子 (電荷 $-e$〔C〕) は電場から

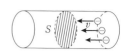

イ 〔N〕の力を受けるが，同時に正イオンから速さに比例する抵抗力を受け，結局は一定の速さで運動するようになる。

断面積 S〔m²〕の導線に I〔A〕の電流が流れている。電子の速さを v〔m/s〕，導線内での電子の単位体積あたりの個数を n〔1/m³〕とする。電流 I〔A〕は $I =$ ウ と表され，電流の向きと電子の運動する向きは エ 同じ，反対 である。

100. キルヒホッフの法則

図の回路において，$I_1 =$ ア A であり，$I_2 =$ イ A である。また閉回路 abc について，キルヒホッフの第2法則は $E_1 +$ ウ $=$ エ と表される。

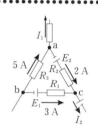

101. 半導体

n 型半導体の場合，電流のにない手 (キャリア) は ア であり，p 型半導体の場合は イ が電流のにない手になる。n 型半導体と p 型半導体を接合した半導体ダイオードでは ウ{ ① p → n, ② n → p} の向きに電流が流れるが，その反対の向きには流れない。

解答▼解説

99. 一様な電場なので，その強さは $E = \underline{V/l}_{(ア)}$〔V/m〕で，電気力は $eE = \underline{eV/l}_{(イ)}$〔N〕である。$\varDelta t$〔s〕間に，断面を通過する電子数は $nSv\varDelta t$ 個で，流れる電気量は $\varDelta Q = enSv\varDelta t$〔C〕なので，$I = \varDelta Q / \varDelta t = \underline{enSv}_{(ウ)}$ となる。また，電子の運動する向きと電流の流れる向きとは $\underline{反対}_{(エ)}$ である。

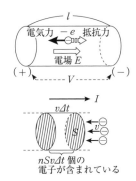

$nSv\varDelta t$ 個の
電子が含まれている

・・・・・・・・・・・・・・・・・・・・・・・・・・・・・・・・・・

100. a 点に第 1 法則を適用して，$5 = I_1 + 2$ より $I_1 = \underline{3}_{(ア)}$〔A〕。c 点でも同様に，$3 + 2 = I_2$ より $I_2 = \underline{5}_{(イ)}$〔A〕。閉回路 abc に第 2 法則を適用して，

$$E_1 + \underline{(-E_2)}_{(ウ)} = \underline{R_1 \times 3 + R_2 \times (-2) + R_3 \times (-5)}_{(エ)}$$

となる。

・・・・ **キルヒホッフの法則** ・・・・
（第 1 法則）
　回路の 1 点に流入する電流の和＝流出する電流の和
（第 2 法則）
　閉回路の起電力の和＝各抵抗の電位降下の和

・・・・・・・・・・・・・・・・・・・・・・・・・・・・・・・・・・

101. n 型半導体では $\underline{電子}_{(ア)}$ であり，p 型半導体では $\underline{ホール（正孔）}_{(イ)}$ である。電子とホールが出会う向きには電流が流れ，逆向きには流れない。したがって，$\underline{①}_{(ウ)}$ が正しい。ダイオードの記号としては，電流が流れる向きを矢印で表した，──▷|── が用いられる。

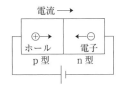

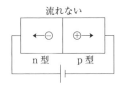

例題 118

最大 10 mA まで測定できる電流計 A がある。電流計 A の内部抵抗は 10 Ω である。

(1) 電流計 A を最大 60 mA まで測定できるようにするには，A に ア 直列，並列 に， イ Ω の抵抗をつなげばよい。

(2) 電流計 A を最大 10 V まで測定できるような電圧計にするには，A に ウ 直列，並列 に， エ Ω の抵抗をつなげばよい。

解

(1) 60 mA の電流を，電流計本体に 10 mA，他へ 50 mA というように振り分ければよいから，抵抗を電流計に<u>並列</u>(ア)につなげばよい（図 1）。

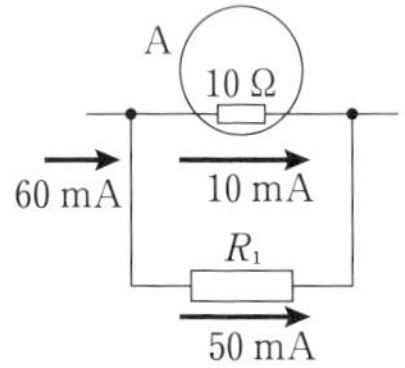

求める抵抗の値を R_1 とする。電流計と R_1 は並列であるから，R_1 の電圧と電流計の電圧は等しい。

$R_1 \times 50 = 10 \times 10$ $\therefore$ $R_1 = \underline{2}_{(\text{イ})}$ 〔Ω〕

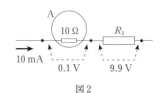

図 1

(2) もとの電流計は，最大 10 mA まで流せるので，最大 0.1 V まで測定できる電圧計としても使用できる。

最大 10 V まで測定するためには，電流計本体の電圧 0.1 V とは別に 9.9 V を他の部分にかけなく

図 2

てはいけないので，抵抗を電流計に<u>直列</u>(ウ)につなげばよい（図 2）。

求める抵抗の値を R_2 とする。

$9.9 = R_2 \times 10 \times 10^{-3}$

$\therefore$ $R_2 = \underline{990}_{(\text{エ})}$ 〔Ω〕

例題 **119**

内部抵抗の無視できる2個の電池（起電力9Vと7V）と3個の抵抗（1Ωが2個と2Ωが1個）を用いて回路をつくった。各抵抗，電池を流れる電流 I_1, I_2, I_3 はそれぞれ図に示されている向きに流れていると仮定する。

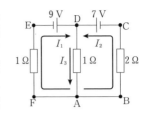

(1) D 点において，電流 I_1, I_2, I_3 の間に成り立つ式を書け。
(2) 閉回路 ABCD において，電池の起電力7Vとそれぞれの抵抗の電位降下の間に成り立つ式を書け。
(3) 閉回路 ADEF において，電池の起電力9Vとそれぞれの抵抗の電圧降下の間に成り立つ式を書け。
(4) I_1, I_2, I_3 はそれぞれいくらか。

解

(1) キルヒホッフの第1法則（電流の保存則）より，D 点に流入する電流の和 I_1+I_2 と D 点から流出する電流 I_3 は等しい。

$$I_1+I_2=I_3$$

(2) 閉回路 ABCD において，反時計回りを正とすると，キルヒホッフの第2法則は

$$7=1\times I_3+2\times I_2$$

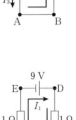

(3) 閉回路 ADEF において，時計回りを正とすると，キルヒホッフの第2法則は

$$9=1\times I_3+1\times I_1$$

(4) (1)の I_3 を(2), (3)に代入して
$$7=I_1+3I_2$$
$$9=2I_1+I_2$$
これらを解いて，
$$I_1=4\,[\text{A}], \quad I_2=1\,[\text{A}], \quad I_3=5\,[\text{A}]$$

例題 120

V₁ は起電力が 5.5 V で内部抵抗
は未知の電池である。V₂ は起電力
が 3 V で内部抵抗は無視できる電
池である。図に示されているような
向きに電流がそれぞれ流れているも
のとする。電流 I_1，電流 I_2 および
V₁ の内部抵抗 r はそれぞれいくら
か。

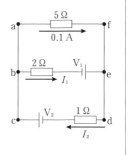

解

キルヒホッフの第 1 法則（電流の保存則）より，
e に流れ込む電流 $I_1 + 0.1$ と，e から流れ出る電
流 I_2 は等しいので，

$$I_1 + 0.1 = I_2 \quad \cdots\cdots ①$$

閉回路 afdc についてキルヒホッフの第 2 法則
は，時計回りの電流と起電力を正とすると（図 1）

$$3 = 5 \times 0.1 + 1 \times I_2 \quad \cdots\cdots ②$$

閉回路 afeb についてキルヒホッフの第 2 法則
は，反時計回りを正とすると，5 Ω の抵抗には逆
向きの電流が流れていることに注意して（図 2）

$$5.5 = 5 \times (-0.1) + (2 + r) \times I_1 \quad \cdots\cdots ③$$

①，②および③より

$$I_1 = \underline{2.4}\,[\mathrm{A}],\ I_2 = \underline{2.5}\,[\mathrm{A}],\ r = \underline{0.5}\,[\Omega]$$

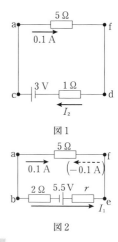

図 1

図 2

逆行のケースはマイナスで扱う。

$R \xrightarrow{\quad I \quad}$

正の向き

$R \times (-I)$

$\dfrac{\quad V \quad}{}$

正の向き

$-V$

例題 **121**

図のような回路がある。⊙は検流計，Sはスイッチ，R_2は可変抵抗である。接地点Zを電位の基準（0 V）とし，電池の内部抵抗は無視する。最初，スイッチSは開いたままで，可変抵抗R_2の値を4 kΩとした。

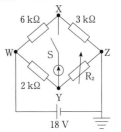

(1) 点Xと点Yの電位差はいくらか。

次に，可変抵抗R_2の値をある値にしたところ，スイッチSを閉じても検流計⊙には電流が流れなかった。

(2) R_2の値はいくらか。

解

(1) Xの電位はR_1の電圧V_1に等しい。

$$V_1 = E \times \frac{R_1}{R_1 + R_4} = 18 \times \frac{3}{3+6} = 6 \,〔V〕$$

Yの電位はR_2の電圧V_2に等しい。

$$V_2 = E \times \frac{R_2}{R_2 + R_3} = 18 \times \frac{4}{4+2} = 12 \,〔V〕$$

したがって，XよりYの方が電位が高く，その電位差は$V_2 - V_1 = \underline{6 〔V〕}$

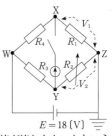

(2) 求める可変抵抗の値をR_2'とする。検流計に電流が流れなかったということは，R_1の電圧$\left(\dfrac{R_1 E}{R_1 + R_4}\right)$と$R_2$の電圧$\left(\dfrac{R_2' E}{R_2' + R_3}\right)$が等しかったからである。$\dfrac{R_1 E}{R_1 + R_4} = \dfrac{R_2' E}{R_2' + R_3}$ より $R_4 R_2' = R_1 R_3$

$$\therefore \quad R_2' = \frac{R_1 R_3}{R_4} = \frac{3 \times 2}{6} = \underline{1 〔kΩ〕}$$

ホイートストン・ブリッジ

図のようなブリッジ回路において $R_4 \times R_2 = R_1 \times R_3$ であるとき XY間には電流は流れない。

例題 **122**

E₁ は起電力が 8 V の内部抵抗の無
視できる電池である。XY は長さ 120
cm の一様な抵抗線 (全抵抗 100 Ω),
Ⓖ は検流計, E は起電力と内部抵抗が
わからない電池である。P は抵抗線
XY 上を移動できる接点である。

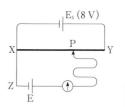

(1) XP の長さを 37.5 cm にしたところ, 検流計に電流が流れな
　かった。E の起電力はいくらか。
(2) P を Y の位置に固定したところ, 検流計を流れる電流は P か
　ら Z の向きに 0.5 A であった。E の内部抵抗はいくらか。ただ
　し, 検流計の内部抵抗は 1 Ω である。

解

(1) XP 間の電圧と ZP 間の電圧は等しい。
　XY 間 (120 cm) の電圧は 8 V だから,
　XP 間 (37.5 cm) の電圧は

$$8 \times \frac{37.5}{120} = 2.5 \, \text{(V)}$$

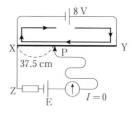

　　また, ZP 間は電流が流れていないか
　ら抵抗での電圧降下がなく, ZP 間の電
　圧は電池 E の起電力と等しい。

　　∴ 2.5 (V)

　この装置を電位差計という。E に電流を流さないので, 内部抵抗の影響を
　受けることなく, 起電力が正確に求められる。

(2) XY 間と ZP 間の電圧は等しく 8 V である。
　時計回りを正として, キルヒホッフの第 2 法
　則を適用すると,

$$8 - 2.5 = (1 + r) \times 0.5$$

　　∴ $r = 10 \, \text{(Ω)}$

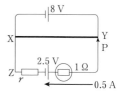

[例題] **123**

R は可変抵抗，E は内部抵抗が無視で
きる電池である。R の値を変えることに
より，電球を流れる電流 I と電圧 V を測
定したら図のようなグラフになった。

(1)　電球に 1 V の電圧がかかっている
とき，この電球の抵抗はいくらか。ま
た，6 V のときはどうか。

(2)　R の値を 15 Ω，電池 E の起電力を
6 V にした。このとき，電球および R
の消費電力はいくらか。

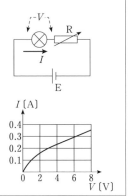

[解]

(1)　$V = 1$〔V〕のとき，グラフより $I = 0.1$〔A〕

　　　$V = RI$ より

　　　$R = \dfrac{V}{I} = \dfrac{1}{0.1} = \underline{10}$〔Ω〕

　　同様に，6 V のときは　　$R = \dfrac{6}{0.3} = \underline{20}$〔Ω〕

(2)　回路を流れる電流を I，電球の電圧を V とすると，
キルヒホッフの第 2 法則は

　　　$6 = V + 15 I$　……①

　　一方，電球を流れる電流 I と電球にかかる電
圧 V との関係はグラフで与えられている。し
たがって，①式をグラフに描いて交点を見つけ
ることにより，電流 I と電圧 V の値を求めるこ
とができる。

　　　グラフより　$I = 0.2$〔A〕，$V = 3$〔V〕

電球の消費電力：$VI = 3 \times 0.2 = \underline{0.6}$〔W〕
抵抗の消費電力：$RI^2 = 15 \times (0.2)^2 = \underline{0.6}$〔W〕

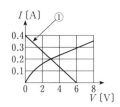

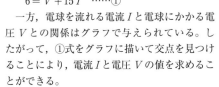

**電球のように抵抗値が一定でない場合はグラフを利用
して解く。**

図の回路において，最初コンデンサーには電荷は蓄えられていない。

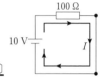

(1) スイッチ S を閉じた直後に回路を流れる電流はいくらか。

(2) S を閉じてから十分時間が経過するまでの間に，電池がした仕事はいくらか。また，抵抗で発生したジュール熱はいくらか。

解

(1) S を閉じた直後はコンデンサーには電気量は蓄えられていないから電位差もなく，短絡した状態（抵抗のない導線で結んだときと同じ状態）と同等である。

$$10 \,[\text{V}] = 100 \,[\Omega] \times I \,[\text{A}] \quad より \quad I = \underline{0.1 \,[\text{A}]}$$

(2) 回路に電流が流れることにより，コンデンサーに電気量が蓄えられる。十分時間が経過するとコンデンサーの電圧は 10 V，蓄えられている電気量は $Q = CV$ より，

$$Q = 1 \times 10^{-6} \,[\text{F}] \times 10 \,[\text{V}] = 1 \times 10^{-5} \,[\text{C}]$$

結局，$1 \times 10^{-5} \,[\text{C}]$ の電気量が電池の負極から正極へ移動したから，電池のした仕事は $W = QV$ より

$$W = 1 \times 10^{-5} \times 10 = \underline{1 \times 10^{-4} \,[\text{J}]}$$

電池のした仕事 W はコンデンサーの静電エネルギー U と抵抗のジュール熱 W' となるから $W = U + W'$

ここで，$U = \dfrac{1}{2}QV = 5 \times 10^{-5} \,[\text{J}]$

∴ $W' = W - U = \underline{5 \times 10^{-5} \,[\text{J}]}$

例題 **125**

図で C は $10\mu\mathrm{F}$ のコンデンサーである。

(1) 電池を流れる電流はいくらか。ただし，電池の内部抵抗は無視できるものとする。

(2) 点 P と点 Q の電位差はいくらか。

(3) コンデンサー C に蓄えられる電気量はいくらか。

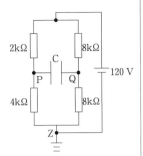

解

(1) 十分時間が経過すると，コンデンサーには電流は流れなくなる。点 P を流れる電流を I_1〔mA〕，点 Q を流れる電流を I_2〔mA〕とする。キルヒホッフの第2法則より

$$120 = (2+4)I_1$$
$$\therefore\ \ I_1 = 20 \ \text{〔mA〕}$$

このように，〔kΩ〕と〔mA〕をペアにすると，〔V〕＝〔kΩ〕×〔mA〕となり式が立てやすくなる。

$$120 = (8+8)I_2$$
$$\therefore\ \ I_2 = 7.5 \ \text{〔mA〕}$$

キルヒホッフの第1法則より，電池を流れる電流は $I_1 + I_2 = \underline{27.5\ \text{〔mA〕}}$

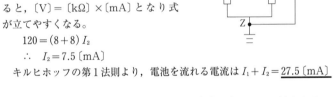

(2) Z に対する P の電位 V_P は $V_\mathrm{P} = 4I_1 = 80$〔V〕である。Z に対する Q の電位 V_Q は $V_\mathrm{Q} = 8I_2 = 60$〔V〕である。したがって，P の方が Q よりも電位が高い。電位差は $V_\mathrm{P} - V_\mathrm{Q} = \underline{20\ \text{〔V〕}}$

(3) PQ 間の電位差 20 V がコンデンサーの極板間の電位差となるから，
$$Q = CV = 10\ \text{〔}\mu\text{F〕} \times 20\ \text{〔V〕} = \underline{200\ \text{〔}\mu\text{C〕}}$$

$$Q\ \text{〔}\mu\text{C〕} = C\ \text{〔}\mu\text{F〕} \times V\ \text{〔V〕}$$
$$V\ \text{〔V〕} = R\ \text{〔k}\Omega\text{〕} \times I\ \text{〔mA〕}$$
の活用

例題 **126**

図の回路において

(1) 電池（内部抵抗ゼロ）を流れ
る電流はいくらか。

(2) CD 間の電位差はいくらか。

(3) CD 間を抵抗線でつなぐと，
C_2 に蓄えられる電気量はいく
らになるか。

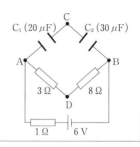

解

(1) 定常状態では，コンデンサーには電流は流れ
ない。閉回路 ADBE にキルヒホッフの第2法
則を適用して

$6 = (1 + 3 + 8) \times I$ より $I = \underline{0.5 \text{ (A)}}$

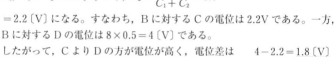

(2) AB 間の電位差は $(3 + 8) \times 0.5 = 5.5 \text{ (V)}$ で
ある。C_1 と C_2 は直列接続なので，$V_1 : V_2 = C_2$:
C_1, $V_1 + V_2 = 5.5 \text{ (V)}$ より，$V_2 = \dfrac{C_1}{C_1 + C_2} \times 5.5$

$= 2.2 \text{ (V)}$ になる。すなわち，B に対する C の電位は 2.2V である。一方，
B に対する D の電位は $8 \times 0.5 = 4 \text{ (V)}$ である。

したがって，C より D の方が電位が高く，電位差は $4 - 2.2 = \underline{1.8 \text{ (V)}}$

(3) CD 間を抵抗線でつなぐと，電位の高い D
から C の向きにしばらく電流が流れるが，C
の電位と D の電位が等しくなると，CD を流
れる電流はゼロになる。そのとき，CB 間の電
位差は DB 間の電位差に等しくなっている。
C_2 に蓄えられる電気量 q_2 は

$q_2 = 30 \times 4 = \underline{120 \text{ (}\mu\text{C)}}$

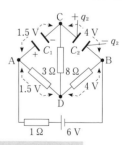

**ココが
ポイント**
定常状態では，コンデンサーに電流は流れない。

—210—

102   **電流がつくる磁場 (磁界)**   図のように，水平な紙面の上方で，南北に張られた導線に電流が流れている。導線の真下に方位磁針が置かれている。方位磁針の N 極は北を指さずに北東の方向を指していた。このことから，導線を流れる電流の向きは □ であることが分かる。

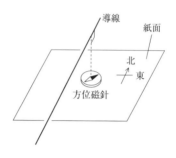

解答▼解説

102

-------------------- **右ねじの法則** --------------------

電流の流れる向き　⇒　右ねじの進む向き
磁場の向き　⇒　右ねじを回転させる向き

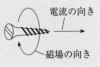

　方位磁針の N 極の向きから，電流が紙面上につくる磁場と地磁気との合成磁場は北東に向いている。地磁気は南から北向きだから，電流がつくる磁場は西から東向きであることが分かる。したがって，右ねじの法則より，電流が流れる向きは<u>南向き</u>である。

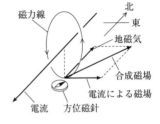

103. **直線電流のまわりの磁場** 2 A の直線電流から 0.1 m 離れた点での磁場の強さ H は $H =$ [ア] A/m である。電流 I と磁場 H の向き（磁力線）を正しく示している図は [イ] である。

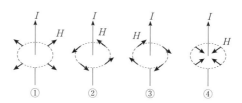

① ② ③ ④

• •

104. **円電流の中心での磁場** 半径 0.5 m の 1 巻きのコイルに 3 A の電流が流れているとき，コイルの中心での磁場の強さ H は $H =$ [ア] A/m である。電流 I と磁場 H の向き（磁力線）を正しく示している図は [イ] である。

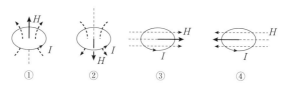

① ② ③ ④

• •

105. **ソレノイドコイルの磁場** 0.2 m の長さに 200 回巻いたソレノイドコイルに 2 A の電流が流れているとき，内部にできる磁場の強さ H は $H =$ [ア] A/m である。ソレノイドコイルを流れる電流 I と磁場 H の向き（磁力線）を正しく示している図は [イ] である。

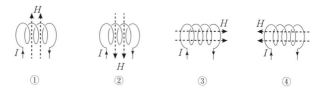

① ② ③ ④

103. 直線電流のまわりの 磁場の強さ H〔A/m〕は,

$H = \dfrac{I}{2\pi r}$ と表される。

(ア) $H = \dfrac{2}{2 \times 3.14 \times 0.1}$

$\quad \fallingdotseq \underline{3.2}$〔A/m〕

(イ) 右ねじの進む向きを 電流の向きにすると, 右 ねじを回す向きに磁場 が生じる。②

直線電流

$H = \dfrac{I}{2\pi r}$

104. 円電流の中心の磁場 の強さ H〔A/m〕は, 円電 流の半径を r〔m〕として,

$H = \dfrac{I}{2r}$ と表される。

(ア) $H = \dfrac{3}{2 \times 0.5}$

$\quad = \underline{3}$〔A/m〕

(イ) 右手の親指を立て, 軽 くにぎったとき, 親指の 指し示す向きが磁場の 向き, 人差し指〜小指は 電流の向きを示す。①

円電流

$H = \dfrac{I}{2r}$

ソレノイドを流れる電流

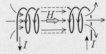

$H = nI$

磁場の強さの単位〔A/m〕

105. ソレノイドコイル内部の磁場の強さ H〔A/m〕は, 1〔m〕あた りの巻き数を n〔1/m〕として, $H = nI$ と表される。

(ア) $n = \dfrac{200}{0.2} = 1000$〔1/m〕だから, $H = 1000 \times 2 = \underline{2000}$〔A/m〕

(イ) 右手の指の向きは円電流の場合と同様である。③

106. 電流が磁場から受ける力 (電磁力)

　強さ H〔A/m〕の一様な磁場中に，長さ l〔m〕の導線を磁場に対して垂直に置き，I〔A〕の電流を流す。このとき，電流が磁場から受ける力 F〔N〕は，透磁率を μ〔N/A²〕とすると，$F =$ ［　ア　］と表される。$B = \mu H$ によって定義された B〔T〕を ［　イ　］という。

　電流 I の向きを $+x$ 軸，B の向きを $+y$ 軸とすると，力 F の向きはフレミングの左手の法則より ［　ウ　］軸である。

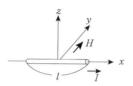

• •

107. モーターの原理

図のように，磁石の真上にエナメル線を巻いたコイルを，クリップ A と B にかけておく。ただし，クリップ A にかかる部分は全部エナメルをはがして導線をむきだしにし，クリップ B にかかる部分は半分だけエナメルで覆われておくようにする。ここで，スイッチ S を閉じると，コイルの各辺 X，Y を流れる電流が磁場から力を受け，クリップ A の側から見てコイルは回転軸の回りに ［　　　　　］回りに回転する。

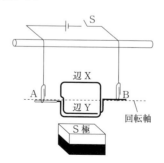

106. (ア) 電流 I が磁場 H から受ける力の大きさ F は，電流 I，磁場 H および導線の長さ l に比例し，$F = \underline{\mu H I l}$ と表される。

(イ) 透磁率 μ は，導線のまわりの物質の種類によって決まる定数である。電磁気の重要な法則では，μ と H の組み合わせはそれらの積 μH の形で現れる場合が多い。そこで，$B = \mu H$ で定義される B を磁束密度という。磁束密度の単位は〔T〕のほかに〔Wb/m²〕もよく用いられる。

(ウ) 電流 I が磁場 H から受ける力（電磁力）F の向きは，電流 I の向き（x 軸）から磁場 H の向き（y 軸）への右ねじを回したとき，右ねじの進む向きに一致する。したがって，F の向きは $\underline{+z}$ 軸である。

このときの，F と B と I の向きの関係は，左手の親指（F）と人差し指（B）と中指（I）をそれぞれ直交するように構えた状態で示される。

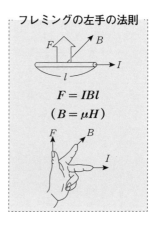

フレミングの左手の法則

$$F = IBl$$
$$(B = \mu H)$$

• •

107. 図のように，辺 X, Y が磁場から受ける力は，フレミングの左手の法則より，A の側から見て，回転軸の回りにコイルを時計回りに回転させる向きにはたらく。コイルが半回転して辺 X が下になると，クリップ B の側はエナメルに覆われた部分が接触するので電流が流れなくなり，回転させる力はなくなるが，回転の勢い（慣性）があるため止まらずに回転し，最初の位置に戻ると電流が再び流れ出し回転力が生じる。このようにしてモーターの回転が持続する。

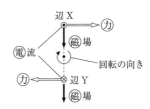

辺 X

力

磁場

電流

回転の向き

辺 Y

力

磁場

108. 荷電粒子が磁場から受ける力 (ローレンツ力)　正電荷 q 〔C〕を
もつ荷電粒子が磁束密度 B 〔T〕の磁場に垂直に速さ v 〔m/s〕で運動
しているとき，荷電粒子が受けるローレンツ力 f 〔N〕の向きを正しく
示している図は　ア　である。

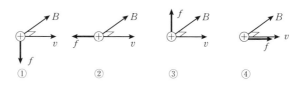

また，このときローレンツ力 f 〔N〕の大きさは $f =$ 　イ　である。

108. 正電荷の運動する向きを電流の向きとして，左手の法則を適用すれば荷電粒子が受けるローレンツ力の向きを知ることができる。

(ア) 正電荷の速度の向きを電流の向きとして左手の中指 (v)，磁束密度の向きを人差し指 (B) としたとき，親指の向きがローレンツ力 f の向きである。③　一方，負電荷の場合には，速度の向きと逆の向きを電流の向きとすればよい。

(イ) ローレンツ力の公式より　$f = \underline{qvB}$ である。

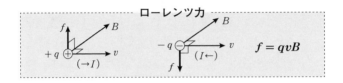

[例題] **127**

紙面内に2本の直線導線 X，Y と1
巻きの円形コイル（半径 0.1 m）が固
定されている。

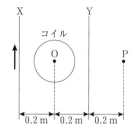

(1) コイルには電流を流さずに，導線
 X に上向き（矢印の向き）に 3 A の
 電流を流す。このとき，図の P 点で
 の磁場を 0 にするには，導線 Y に
 ボックス[ア 上，下]向きに ボックス[イ] A の電流を流せばよい。

(2) 次に，Y には電流を流さずに，X に上向きに 4 A の電流を流す。
 このとき，コイルの中心 O での磁場を 0 にするには，コイルに
 ボックス[ウ 時計，反時計]回りに ボックス[エ] A の電流を流せばよい。

[解]

(1) X を流れる電流により P 点で
 生じる磁場は下向きで強さは
 $H_x = \dfrac{3}{2\pi \times 0.6}$〔A/m〕である。
 P 点での磁場を 0 にするには，
 Y に下$_{(ア)}$向きに電流 I_Y を流せば

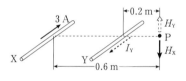

 よい。I_Y による磁場は上向きで強さは $H_Y = \dfrac{I_Y}{2\pi \times 0.2}$〔A/m〕である。

  $H_Y = H_x$ より，$I_Y = 1_{(イ)}$〔A〕

(2) X を流れる電流により O 点で生じる磁
 場は下向きで強さ $H_x = \dfrac{4}{2\pi \times 0.2}$〔A/m〕
 である。O 点での磁場を 0 にするには，コ
 イルに反時計$_{(ウ)}$回りに電流 I を流せばよい。
 O 点での I による磁場は上向きで強さ
 $H = \dfrac{I}{2 \times 0.1}$〔A/m〕である。

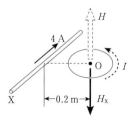

  $H = H_x$ より $I = \dfrac{2}{\pi} \fallingdotseq \underline{0.64}_{(エ)}$〔A〕

（注） 直線電流の公式と円電流の公式を混同しないように

例題 **128**

　磁束密度 B〔T〕の一様な磁場に垂直におかれた導線に, 強さ I〔A〕の電流を流し, 導線に作用する力を測定した。その結果, 導線の長さ l〔m〕の部分が受ける力の大きさ F〔N〕は $F =$ ア である。

　ところで, 電流は, 導線中を移動する電子 $(-e$〔C〕$)$ によって生じている。導線中の電子の密度を n〔個/m³〕, 平均の速さを v〔m/s〕とし, 導線の断面積を S〔m²〕とすると, 電流の強さは $I =$ イ 〔A〕である。導線中の電子の総数が ウ 個であることに注意すると, 速さ v〔m/s〕で運動する電子1個が受ける力の大きさは $f =$ エ 〔N〕であることがわかる。

解

(ア)　電流が受ける電磁力の公式より
　　　　$F = \underline{IBl}$〔N〕

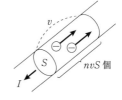

(イ)　1 s 間に断面積 S〔m²〕を通過する電子数は nvS〔1/s〕で, 通過する電気量は, $envS$〔C/s〕である。1 s 間にある断面を通過する電気量が電流であるから,
　　　　$I = \underline{envS}$〔A〕

(ウ)　長さ l〔m〕の部分の導線の体積は Sl〔m³〕なので, 含まれる電子の総数は $\underline{nSl}$ 個である。

(エ)　長さ l〔m〕の導線が受ける力 F〔N〕は導線内の1つ1つの電子が受ける力 f〔N〕の合力である。

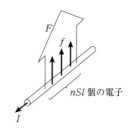

　　　$F = f \times nSl$ より

　　　　$f = \dfrac{F}{nSl} = \dfrac{IBl}{nSl} = \dfrac{IB}{nS}$

　ここで, $I = envS$ を代入して　$f = \underline{evB}$〔N〕

例題 **129**

紙面に垂直に間隔が d の 2 本の平行な
導線 L_1，L_2 がある。L_1，L_2 に互いに逆向
きに電流 I_1，I_2 が流れている。透磁率を μ
とする。

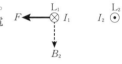

(1) L_2 を流れる電流 I_2 が，L_1 の位置につくる磁場の向きを図に破
線の矢印で示し，その位置での磁束密度の大きさを求めよ。

(2) L_1 を流れる電流 I_1 にはたらく力の向きを図に実線の矢印で示
し，L_1 の長さ l の部分にはたらく力の大きさを求めよ。

解

(1) 向きは右ねじの法則より，下向きである。
I_2 による磁場の強さを H_2 とすると，直線電
流による磁場の公式より

$$H_2 = \frac{I_2}{2\pi d}$$

磁束密度 B_2 は　$B_2 = \mu H_2 = \dfrac{\mu I_2}{2\pi d}$

(2) 左手の法則より力は左向き
となる。
$F = I_1 B_2 l$ より

$$F = \frac{\mu I_1 I_2 l}{2\pi d}$$

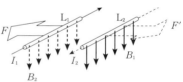

(**参考**)　I_1 が L_2 の位置につくる磁束密度は下向きで大きさは $B_1 = \dfrac{\mu I_1}{2\pi d}$ にな

る。したがって，L_2 の長さ l の部分にはたらく力は $F' = I_2 B_1 l = \dfrac{\mu I_2 I_1 l}{2\pi d}$ である。

F と F' は大きさが等しく，逆向きになり，これは作用・反作用の法則を表す。

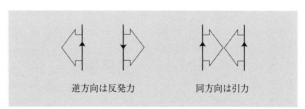

逆方向は反発力　　　　　同方向は引力

—222—

例題 **130**

鉛直方向に，磁束密度 B の一様な磁場がある。この磁場中に水平と $30°$ の角をなして 2 本のなめらかな導線 X と Y が $0.2\,\mathrm{m}$ の間隔で平行に固定されている。

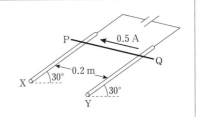

この導線の上に質量 0.1 kg の導体棒 PQ をのせて $0.5\,\mathrm{A}$ の電流を流したところ，PQ は静止したままであった。このときの磁束密度 B の大きさと向きを求めよ。ただし，重力加速度の大きさを $9.8\,\mathrm{m/s^2}$ とする。

解

PQ にはたらく力は，導線からの垂直抗力 N，重力 mg および電磁力 IBl である。これら 3 力がつり合って PQ は静止している。Q の側から見たのが下図である。

電磁力 IBl の向きと，電流(Q から P に向かう向き)の向きに左手の法則を適用すると，磁束密度の向きは人差し指の示す向き，すなわち<u>鉛直上向き</u>である。

PQ にはたらく力の水平方向でのつり合いは

$\quad N\sin 30° = IBl$ ……①

鉛直方向でのつり合いは

$\quad N\cos 30° = mg$ ……②

①÷②より $\quad \tan 30° = \dfrac{IBl}{mg}$

$\quad\therefore\quad B = \dfrac{mg}{Il}\tan 30°$

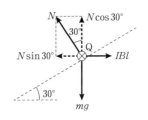

$\qquad = \dfrac{0.1 \times 9.8}{0.5 \times 0.2} \times \dfrac{1}{\sqrt{3}} \fallingdotseq \underline{5.66\ (\mathrm{T})}$

ただし，$(\mathrm{T}) = (\mathrm{Wb/m^2}) = (\mathrm{N/(A \cdot m)})$

20 電磁場中の荷電粒子の運動

109. 電場中の電子の運動 間隔 d 〔m〕の平行
極板 A, B に電位差 V 〔V〕をかけ, 一様な電場
をつくる。この電場中で, 電子 (質量 m 〔kg〕,
電気量 $-e$ 〔C〕) が受ける静電気力の大きさは
   　ア　 〔N〕で, その向きは(イ){①A→B, ②B →
A} である。静電気力のみがはたらくとき, 電子
の加速度の大きさは 　ウ　 〔m/s²〕になる。

d〔m〕

V〔V〕

• •

110. 電子の加速 初速ゼロの電子 (質量 m
〔kg〕, 電気量 $-e$ 〔C〕) を電位差 V 〔V〕の極板
間で加速する。加速後の電子の運動エネルギー
は 　ア　 〔J〕で, 速さは 　イ　 〔m/s〕である。

V〔V〕

• •

111. 磁場中の電子の運動 B 〔T〕の一様な磁場に垂直に, 電子 (質量
m 〔kg〕, 電気量 $-e$ 〔C〕) を速さ v 〔m/s〕で進入させる。電子が受け
るローレンツ力の大きさは 　ア　 〔N〕となり, この力が向心力とし
て作用し, 半径 　イ　 〔m〕の等速円運動をする。磁場の向きと, 電
子の運動の向きの組み合わせは, 図 　ウ　 である。

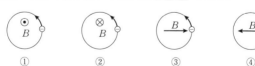

①　　　　　②　　　　　③　　　　　④

解答▼解説

109. 電場の強さ E 〔V/m〕は $V = Ed$ より $E = \dfrac{V}{d}$ 〔V/m〕

$$\therefore \quad f = eE = \dfrac{eV}{d}_{(\text{ア})} \text{〔N〕}$$

電子の電気量は負なので，電場の向きと逆の向きに静電気力を受ける。

$$\therefore \quad \underline{\textcircled{1}\text{A}\to\text{B}}_{(\text{イ})}$$

運動方程式より $ma = \dfrac{eV}{d}$ $\therefore$ $a = \dfrac{eV}{md}_{(\text{ウ})}$ 〔m/s²〕

110. **(電気量)×(電位)が荷電粒子の位置エネルギー**である。負の極板を電位の基準（0 V）とすると，正の極板の電位は $+ V$ 〔V〕となる。エネルギー保存則より

$$\dfrac{1}{2}m \times 0^2 + (-e) \times 0 = \dfrac{1}{2}mv^2 + (-e)V$$

$$\therefore \quad \dfrac{1}{2}mv^2 = \underline{eV}_{(\text{ア})}\text{〔J〕} \qquad v = \sqrt{\dfrac{2eV}{m}}_{(\text{イ})} \text{〔m/s〕}$$

111. ローレンツ力の公式より $\therefore$ $\underline{evB}_{(\text{ア})}$〔N〕

等速円運動の式より

$$m\dfrac{v^2}{r} = evB \qquad \therefore \quad r = \dfrac{mv}{eB}_{(\text{イ})} \text{〔m〕}$$

フレミングの左手の法則を用いる。電子は負の電荷なので，速度の向きと反対向きを電流の向きと考え，左手の中指を向ける。 $\therefore$ $\underline{\textcircled{1}}_{(\text{ウ})}$

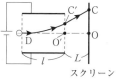

例題 131

点 D を速さ v_0 で通過した電子(質量 m, 電気量 $-e$)が平行電極間の一様な電場を通り, スクリーン上の点 C に衝突する。電極間の電圧を V, 間隔を d とする。重力の影響は無視できる。

スクリーン

(1) 電場内での, 電子の加速度の大きさを求めよ。
(2) 距離 O′C′ を求めよ。
(3) 距離 OC を求めよ。
(4) 電場内を直進させるために, 電極間にかける磁束密度の大きさと向きを求めよ。

解

(1) $V = Ed$ より $E = \dfrac{V}{d}$, 運動方程式より $ma = eE$

$$\therefore \quad a = \frac{eE}{m} = \underline{\frac{eV}{md}}$$

(2) 放物運動と同様に考え, DO′ 方向と O′C′ 方向に運動を分解する。

DO′ 方向 $v_0 t = l$ $\therefore$ $t = \dfrac{l}{v_0}$

O′C′ 方向 $\begin{cases} \text{O′C′} = \dfrac{1}{2}at^2 = \dfrac{1}{2}\left(\dfrac{eV}{md}\right)\left(\dfrac{l}{v_0}\right)^2 = \underline{\dfrac{eVl^2}{2mdv_0{}^2}} \\[3mm] \text{速度成分} \quad u = at = \dfrac{eVl}{mdv_0} \end{cases}$

(3) C′C は直線になるので, $\text{FC} = L\tan\theta = L\dfrac{u}{v_0} = \dfrac{eVlL}{mdv_0{}^2}$

$\therefore$ $\text{OC} = \text{OF} + \text{FC} = \text{O′C′} + L\tan\theta$

$$= \frac{eVl^2}{2mdv_0{}^2} + \frac{eVlL}{mdv_0{}^2} = \underline{\frac{(l+2L)eVl}{2mdv_0{}^2}}$$

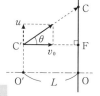

 ココが ポイント

荷電粒子は電場中で放物線軌道を描く

—226—

(4) 上向きの電気力 eE と下向きのローレンツ力 ev_0B がつり合えばいい。

$$ev_0B = eE = \frac{eV}{d} \qquad \therefore \quad B = \underline{\frac{V}{v_0d}}$$

フレミングの左手の法則より，磁束密度の向きは，<u>紙面に垂直で表から裏</u><u>に向かう向き</u>である。

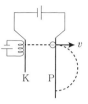

例題 **132**

陰極 K から熱電子(質量 m，電気量 $-e$)が初速ゼロで放出され，陽極 P に向かって加速される。P には小穴があり，電子はこれを速さ v で通過する。P の右側の空間には，磁束密度 B の一様な磁場が紙面に垂直にかけられている。電子はこの空間で半円軌道を描き，P に衝突する。

(1) PK 間の加速電圧はいくらか。
(2) 磁場の向きはどちら向きか。
(3) 円運動の半径はいくらか。
(4) 電子が小穴を通過してから，P に衝突するまでの時間はいくらか。

解

(1) $eV = \dfrac{1}{2}mv^2$ $\therefore$ $V = \dfrac{mv^2}{2e}$

(2) 小穴を通過した直後の電子に，図で下向きのローレンツ力が作用すれば，それが向心力となって，図の軌道を描く。

電子の運動と反対向きを電流として，フレミングの左手の法則を適用する。磁場は<u>紙面の表から裏に向かう向き</u>である。

 荷電粒子は磁場中で等速円運動をする。

(3) 大きさ evB のローレンツ力が向心力として作用する。

$m\dfrac{v^2}{r} = evB$ $\therefore$ $r = \dfrac{mv}{eB}$

(4) 半円周 πr を速さ v で運動するので，時間 t は

$t = \dfrac{\pi r}{v} = \dfrac{\pi}{v}\left(\dfrac{mv}{eB}\right) = \dfrac{\pi m}{eB}$

例題 133

　図のように，紙面に垂直で表から裏に向かう
向きに，磁束密度 B の磁場がかけられている
$x-y$ 平面がある。原点 O から電気量 q，質量
m の正電荷を速さ v_0 で x 軸の正の向きに打ち
出すと，正電荷は $x-y$ 平面上で等速円運動を
行った。

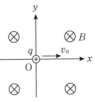

(1) 原点 O で正電荷が受けるローレンツ力の大きさと向きを求め
　　よ。

(2) 等速円運動の中心の座標を求めよ。

(3) 等速円運動の周期を求めよ。

解

(1) ローレンツ力の大きさは <u>qv_0B</u>

　　また，フレミングの左手の法則より，向きは <u>y 軸の正の向き</u>

(2) 円運動の運動方程式より，半径を r とすると，

$$m\frac{v_0^2}{r} = qv_0B \qquad \therefore \quad r = \frac{mv_0}{qB}$$

　　中心の座標は，$\underline{\left(0, \ \dfrac{mv_0}{qB}\right)}$

(3) 周期を T とすると，

$$T = \frac{2\pi r}{v_0} = \underline{\frac{2\pi m}{qB}}$$

21 電磁誘導と交流

112. ファラデーの電磁誘導の法則　図のように
コイルに磁石を近づけると，コイルの両端には誘
導起電力が生じる。誘導起電力の大きさは，コイ
ルを貫く磁束の時間的な変化の割合に　ア　す
る。XY 間に抵抗 R をつなぐと電流は，R を
　イ　XからY，YからX　の向きに流れるので，X
のほうが Y より電位が　ウ　い。

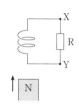

113. 電磁誘導　図の矢印の向きに流れている直線電流から少し離れ
た位置に，コイル ABCD がある。いま，コイル ABCD を直線電流か
ら遠ざけていくと，コイルには　　　　　の向きに電流が流れる。

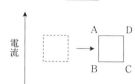

解答▼解説

112.　誘導起電力の大きさは，1 s 間あたりの磁束の変化（磁束の時間的な変化の割合）に比例(ｱ)する。コイルを上向きに貫く磁束が増加するので，下向きの磁場が発生するように誘導起電力が生じ，抵抗 R には X から Y(ｲ)の向きに電流が流れる。従って，コイルは X を ＋ 端子，Y を － 端子とした電池に相当するので X のほうが Y より電位が高(ｳ)い。

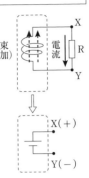

ファラデーの電磁誘導の法則

B 〔T〕 または 〔Wb/m²〕

面積 S 〔m²〕
N 巻きコイル

誘導起電力

$$V = -N\frac{\Delta\Phi}{\Delta t} \text{ 〔V〕}$$

磁束 $\Phi = BS$ 〔Wb〕

• •

113.

電磁誘導の法則
コイルを貫く磁束の変化を妨げる向きに誘導起電力が発生し，誘導電流が流れる。また，その大きさは磁束の変化の速さに比例する。

　電流から遠い位置では磁束は減少するので，コイルが遠ざかるにつれて，コイルを貫く磁束は減少していく。したがって，電磁誘導の法則より，磁束の変化（減少）を妨げる向き，すなわち，コイルを貫く磁束が増加するように A → D → C → B の向きに誘導電流が流れる。

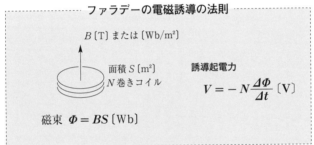

114. 交流発電機の原理 図のように，中央がくりぬかれた回転円板
上に棒磁石を固定し，くりぬかれた部分に抵抗 AB を含む閉回路を置
く。回転円板を図の矢印の向き（時計回り）にイからロまで回転させ
ると，抵抗 AB には ア の向きに電流が流れる。次に，円板をロ
からハまで回転させると，抵抗 AB には イ の向きに電流が流れ
る。

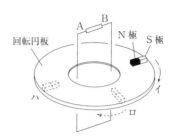

114. 棒磁石が閉回路の面に平行なイの位置にあるとき，磁束は閉回路を貫いていない。円板が回転して磁石が閉回路の面に垂直なロの位置にくると，閉回路を磁束が貫く。したがって，電磁誘導の法則より，磁束の変化（増加）を妨げる向き，すなわち，磁束を減少させる向き B → A$_{(ア)}$ に誘導電流が流れる。

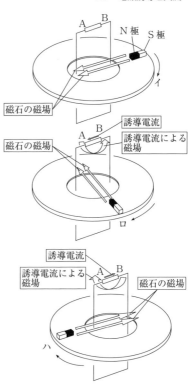

次に，円板が回転して磁石がロの位置からハの位置にくると，閉回路を貫く磁束はなくなる。したがって，電磁誘導の法則より，磁束の変化（減少）を妨げる向き，すなわち，磁束を増加させる向き A → B$_{(イ)}$ に誘導電流が流れる。

逆に，円板と磁石を固定して，抵抗を含む閉回路を回転させても誘導電流が流れる。このように回転による電磁誘導により，交流が発生する。

115. **渦電流** 図のように，なめらかに回転できる金属円板を，U字型の磁石で触れないようにはさみ，磁石をイの向きに移動させると，円板は □□□ の向きに回転する。ただし，円板の金属は，銅など磁石にくっつかないとする。

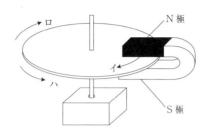

115.

渦電流

1. 導体の表面に沿って磁石を移動させると，電磁誘導により，磁石の移動を妨げる向きに渦状の誘導電流が流れる。
2. 渦電流が発生すると，導体は磁石の移動する向きに力を受ける。

次図のように，磁石を右に移動させたことにより，渦電流が流れた結果，磁石の左側部分の導体表面には磁石の磁極と反対の極ができ，磁石の右側部分の導体表面には磁石の磁極と同じ極ができる。したがって，導体は右向きに力を受ける。

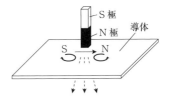

次図は円板を真上から見た様子である。磁石を矢印の向き（下向き）に移動させると，磁石があったはじめの位置に渦電流1が流れ，金属円板上にS極が現れる。また，磁石が移動した位置には渦電流2が流れ，金属円板上にN極が現れる。渦電流1は磁石のN極に引き寄せられ，渦電流2は磁石のN極から反発され，結局，円板は磁石の移動する向きに磁気力を受けるので，ロの向き（時計回り）に回転する。

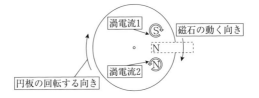

116. 導線に生じる誘導起電力　図のように，長
さ 0.5 m の導線 PQ が磁束密度 3 T(= Wb/m²)
の磁場中を，磁場に垂直に速さ 2 m/s で動いたと
き，導線に生じる誘導起電力の大きさは　ア
V で，その向きは　イ　PからQ，QからP　の向
きである。

116 導線は1s間あたり，$vBl = 2 \times 3 \times 0.5 = 3$ [Wb/s] の磁束を横切るので，誘導起電力の大きさは $\underline{3}_{(ア)}$ [V] である。

また，導線中の正電荷 $+e$ にはたらくローレンツ力の向きは，フレミングの左手の法則より $\underline{Q \text{ から } P}_{(イ)}$ の向きである。従って，導線は P を $+$ 端子，Q を $-$ 端子とする起電力3Vの電池に相当する。

導線に生じる誘導起電力

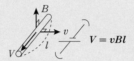

$V = vBl$

誘導起電力の向き $\Rightarrow$ 導線中の正電荷にはたらくローレンツ力の向き

---

117. **相互誘導と自己誘導**　コイル L_1，L_2 がある。相互インダクタンスは 10 H である。いま，可変抵抗 R の値を変化させると，L_1 を流れる電流 I が 0.5 s の間に 1 A から 1.2 A に増加した。このとき，L_2 に生じた相互誘導起電力の大きさは ┌ ア ┐ V であり，A より B のほうが電位が ┌ イ ┐ い。

　また，L_1 の自己インダクタンスを 15 H とすると，L_1 に生じた自己誘導起電力の大きさは ┌ ウ ┐ V である。

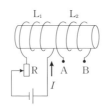

•••

118. **実効値**　実効値が 100 V，2 A の交流がある。この交流の最大電圧は ┌ ア ┐ V であり，最大電流は ┌ イ ┐ A である。

117. I が増加することにより，L_2 には右向きの磁束が増加する。したがって，磁束の増加を妨げるように（左向きに磁場が発生するような電流を流そうとして）相互誘導起電力が生じる。その大きさは $M\dfrac{\varDelta I}{\varDelta t}$ より $10\times\dfrac{0.2}{0.5}=\underline{4}_{(7)}$〔V〕である。$L_2$ は A を－端子，B を＋端子とする起電力 4 V の電池に相当するので A より B のほうが電位が<u>高</u>(ｲ)い。L_1 に生じる自己誘導起電力の大きさは $L\dfrac{\varDelta I}{\varDelta t}$

より $15\times\dfrac{0.2}{0.5}=\underline{6}_{(ｳ)}$〔V〕である。

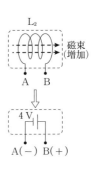

自己・相互誘導起電力

$$V_1=-L\dfrac{\varDelta I}{\varDelta t}\qquad V_2=-M\dfrac{\varDelta I}{\varDelta t}$$

（V_1, V_2 は I の向きを正とする）

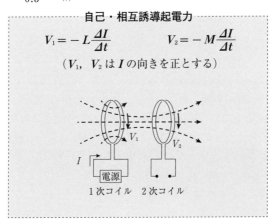

1 次コイル　2 次コイル

---

118. (ｱ) 最大値 ＝$\sqrt{2}\times$ 実効値 だから
　最大電圧 ＝$\sqrt{2}\times100\fallingdotseq\underline{141}$〔V〕

(ｲ) 最大電流 ＝$\sqrt{2}\times2\fallingdotseq\underline{2.82}$〔A〕

実効値

$$実効値 ＝\dfrac{最大値}{\sqrt{2}}$$

119. **コイルと交流**　実効値 4 A，周波数 50 Hz の交流が，自己インダクタンス 0.5 H のコイル L を流れている。L の誘導リアクタンスは ［　ア　］Ω であり，L に生じる電圧の実効値は ［　イ　］V である。L を流れる電流の位相は，電圧の位相に比べて ［　ウ　］rad だけ ［　エ　］いる。

•••

120. **コンデンサーと交流**　実効値 4 A，周波数 50 Hz の交流が，電気容量 100 μF のコンデンサー C を流れている。C の容量リアクタンスは ［　ア　］Ω であり，C の電圧の実効値は ［　イ　］V である。C を流れる電流の位相は，電圧の位相に比べて ［　ウ　］rad だけ ［　エ　］いる。

•••

121. **直列 RLC 回路**　40 Ω の抵抗，誘導リアクタンス 80 Ω のコイルおよび容量リアクタンス 50 Ω のコンデンサーが直列に接続された回路において，インピーダンスは ［　ア　］Ω である。この回路に実効値 100V の交流電源をつなぐと，実効値 ［　イ　］A の交流電源が流れる。

119. 周波数 $f = 50$ 〔Hz〕だから，角周波数は $\omega = 2\pi f = 100\pi$〔rad/s〕である。

(ア) $\omega L = 100\pi \times 0.5 = 50\pi \fallingdotseq \underline{157}$〔Ω〕

(イ) $V = \omega L \times I = 200\pi \fallingdotseq \underline{628}$〔V〕

(ウ) $\dfrac{\pi}{2}$ (エ) 遅れて

・・・・・・・・・・・・・・・・・・・・・・・・

120. (ア) $C = 100$〔μF〕$= 100 \times 10^{-6}$〔F〕$= 1 \times 10^{-4}$〔F〕より

$$\frac{1}{\omega C} = \frac{1}{100\pi \times 1 \times 10^{-4}} \fallingdotseq \underline{31.8}$$〔Ω〕

(イ) $V = \dfrac{1}{\omega C} \times I = \dfrac{400}{\pi} \fallingdotseq \underline{127}$〔V〕

(ウ) $\dfrac{\pi}{2}$ (エ) 進んで

・・・・・・・・・・・・・・・・・・・・・・・・

121. (ア) $R = 40$〔Ω〕，$\omega L = 80$〔Ω〕，$\dfrac{1}{\omega C} = 50$〔Ω〕であるから

$$Z = \sqrt{40^2 + (80 - 50)^2} = \underline{50}$$〔Ω〕

(イ) $V = ZI$ より

$$I = \frac{V}{Z} = \frac{100}{50} = \underline{2}$$〔A〕

リアクタンス

誘導リアクタンス ωL〔Ω〕

$$V = \omega L \times I$$

容量リアクタンス $\dfrac{1}{\omega C}$〔Ω〕

$$V = \frac{1}{\omega C} \times I$$

インピーダンス

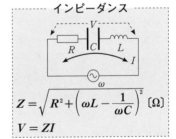

$$Z = \sqrt{R^2 + \left(\omega L - \frac{1}{\omega C}\right)^2}$$〔Ω〕

$$V = ZI$$

122. 電力 実効値 4 A, 周波数 50 Hz の交流電流が, 40 Ω の抵抗を流れている。抵抗での消費電力の平均値は ⬚ア⬚ W である。同じ交流が自己インダクタンス 0.5 H のコイルを流れたとき, コイルでの消費電力の平均値は ⬚イ⬚ W である。また, 同じく, 電気容量が 100 μF のコンデンサーを流れたとき, コンデンサーでの消費電力の平均値は ⬚ウ⬚ W である。

• •

123. 電気振動 図のような振動回路 (電気容量 C〔F〕, 自己インダクタンス L〔H〕) を流れる振動電流の周波数は ⬚ア⬚ Hz, 周期は ⬚イ⬚ s である。

122. (ア) 電圧の実効値は

$V = IR = 4 \times 40 = 160\text{V}$

消費電力の平均値は

$P = VI = 160 \times 4 = \underline{640}\,[\text{W}]$

あるいは

$P = RI^2 = 40 \times 4^2 = 640\,[\text{W}]$

(イ) $\underline{0}$　　(ウ) $\underline{0}$

> **消費電力**
>
> **抵抗での消費電力**
>
> $$P = VI = RI^2$$
>
> **コイル, コンデンサーの**
> **消費電力は 0**

•••

123. 容量リアクタンス $\dfrac{1}{\omega C}$ [Ω] と誘

導リアクタンス ωL [Ω] が等しくなる。

$\dfrac{1}{\omega C} = \omega L$ より $\omega = \dfrac{1}{\sqrt{LC}}$ である。

> **電気振動の固有周波数**
>
> $$f = \frac{1}{2\pi\sqrt{LC}}\,[\text{Hz}]$$

(ア) $\omega = 2\pi f$ だから $f = \dfrac{\omega}{2\pi} = \underline{\dfrac{1}{2\pi\sqrt{LC}}}\,[\text{Hz}]$

(イ) $T = \dfrac{2\pi}{\omega}$ だから $T = \underline{2\pi\sqrt{LC}}\,[\text{s}]$

磁極 N, S を向かい合わせ，磁場中（破線で囲まれた領域）を 1 巻きのコイル abcd を通過させた。

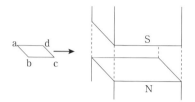

次の(1)〜(3)の場合について，コイルを流れる電流の向きを求めよ。
(1) コイルの一部（辺 cd）が磁場に入りつつあるとき。
(2) コイル全体が磁場内を運動しているとき。
(3) コイルの一部（辺 cd）が磁場から出つつあるとき。

解

(1) 磁力線は N 極から出て S 極に入る。S 極側から見ると，コイルを貫く磁場は紙面に垂直で裏から表の向きである。コイルの一部が入りつつあるとき，磁場中でのコイルの面積は増加していくので，コイルを貫く表向きの磁束⊙は増加する。よって，表向きの磁束の増加を妨げる向き，すなわち，裏向きの磁場が生じるように電流が流れる。<u>a → d → c → b</u>（図の破線の矢印の向き）

(2) コイル全体が磁場内にあるので，コイルを貫く磁束は変化しない。したがって，<u>電流は流れない</u>。

(3) S 極側から見ると，磁場中でのコイルの面積は減少していくので，コイルを貫く表向きの磁束⊙は減少する。よって，表向きの磁束の減少を妨げる向き，すなわち，表向きの磁場が生じるように電流が流れる。<u>a → b → c → d</u>

誘導起電力 ⇒ 磁束の変化を妨げる向きに生じる。

例題 **135**

鉛直上向きの一様な磁場中（磁束密
度 B）で，間隔が l の水平な 2 本の
レールが抵抗値 r の抵抗でつながれて
いる。いま，レールに対して垂直を
保ったまま右向きに等速度 v で導線を
引き続けた。摩擦は無視でき，r 以外
に抵抗はないものとする。

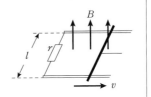

(1) 回路に生じる誘導起電力はいくらか。

(2) 導線を引く力のする仕事率はいくらか。

(3) 抵抗 r での消費電力はいくらか。

解

(1) 導線に生じる誘導起電力は $\underline{vBl}$ である。誘導起電力は，磁束の増加を妨
げる向き（鉛直下向き）に磁場が生じるように発生するので，時計回りの
向きに生じる。

(2) 回路を流れる電流の強さは $I = \dfrac{vBl}{r}$ である。

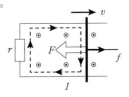

　　導線は大きさ $F = IBl = \dfrac{vB^2l^2}{r}$ の電磁力
を，速度 v とは反対向きに受ける（左手の法
則）。また，等速度運動をしているので，力
はつり合っている。すなわち，導線を引く力

f は $f = F = \dfrac{vB^2l^2}{r}$ である。f の向きは速度 v と同じ向きであるから，f
の仕事率 P は $P = fv$ より

$$P = \frac{vB^2l^2}{r} \times v = \underline{\frac{v^2B^2l^2}{r}}$$

(3) r での消費電力 P' は

$$P' = rI^2 = \underline{\frac{v^2B^2l^2}{r}}$$

(2)と(3)は等しい。このことは "r での消費電力 ＝ 外力のする仕事率" とい
うエネルギー保存の法則を表している。

図のように，紙面に垂直に表から裏に向けて一様な磁束密度 B〔T〕の磁場がある。この磁場中を長さ l〔m〕の導体棒 PQ を v〔m/s〕の速さで右向きに動かすとき，導体棒内の自由電子（$-e$〔C〕）は磁場から大きさ ア 〔N〕のローレンツ力を受け，導体棒の イ P, Q 側へ移動する。その結果， ウ PからQ, QからP の向きに電場が生じる。自由電子にはたらくローレンツ力と電場からの力が等しくなると自由電子の移動はとまる。このときの電場の強さは エ 〔V/m〕であり，PQ 間の電位差は オ 〔V〕である。

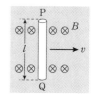

解

ローレンツ力の大きさは，公式より $\underset{(ア)}{evB}$〔N〕である。

電子が磁場中を運動するとき，電子の運動方向と反対向きに電流が流れていると想定してフレミングの左手の法則を適用すると電子が受けるローレンツ力の向きを決めることができる。その結果は P から Q の向きとなる。したがって，電子は $\underset{(イ)}{Q}$ 側へ移動し，その結果，Q 側は電子が集まって負に帯電し，P 側は正に帯電するので，電界の向きは $\underset{(ウ)}{P から Q}$ の向きになる。

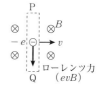

電場の強さを E〔V/m〕とすると，電気力の大きさは eE〔N〕で，Q から P の向きである。

$eE = evB$ より $E = \underset{(エ)}{vB}$〔V/m〕

PQ 間の電位差 V〔V〕は

$V = El = \underset{(オ)}{vBl}$〔V〕

これが誘導起電力の大きさであり，その向きは，Q から P の向きである。すなわち，導体棒は P を ＋端子，Q を －端子とする起電力 vBl〔V〕の電池に相当する。

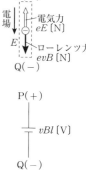

例題 **137**

水平面（紙面）内に1辺の長さ l，全抵抗 r の正方形コイル abcd（1巻き）がある。このコイルに糸をつけて引っ張り，紙面に垂直で表から裏向きの磁束密度 B の一様な磁場中に一定の速さ v で入っていくようにした。図の状態において，次の問いに答えよ。

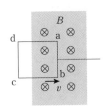

(1) 誘導起電力の大きさ V を求めよ。

(2) 電流の強さ I を求めよ。

(3) 辺 ab が受ける電磁力 F を求めよ。

(4) 抵抗での消費電力 P を求めよ。また，この消費電力に相当するエネルギーはどこから供給されたものか求めよ。

解

(1) 辺 ab に生じる誘導起電力は $V = \underline{vBl}$ である（これはコイルを貫く磁束が単位時間に vBl だけ増加することからも求められる）。その向きは b→a であり，a が＋端子，b が－端子で起電力 vBl の電池と考えてよい。

(2) コイルの抵抗は r であるから，流れる電流 I は反時計回りで

$$I = \underline{\frac{vBl}{r}}$$

(3) 電磁力 F は左向きで，$F = IBl$ より

$$F = \underline{\frac{vB^2l^2}{r}}$$

(4) 抵抗での消費電力は $P = rI^2$ より

$$P = r\left(\frac{vBl}{r}\right)^2 = \underline{\frac{v^2B^2l^2}{r}}$$

コイルは等速度運動をするので，コイルにはたらく力はつり合っている。したがって，糸の張力の大きさは F に等しい。糸の張力の仕事率 P' は

$$P' = F \cdot v = \frac{v^2B^2l^2}{r}$$

$P' = P$ となるから，消費電力のエネルギーは<u>糸の張力から供給された</u>ものである。

[例題] **138**

磁束密度 B の一様な水平磁場中に，距離 l を隔てて2本の導線が鉛直に固定され，導線 ab，cd で連結されている。電気抵抗 R をもつ ab は固定されており，cd は鉛直の導線と接触しながら滑らかに動ける。また，導線でつくられる面は磁場に垂直になっている。cd の質量を m，重力加速度の大きさを g とし，ab 以外の導線の電気抵抗はない。いま，cd を h の高さから静かに放したところ，次第に速度を増し，やがて一定の速度 v_0 になり，そのまま ab に衝突した。

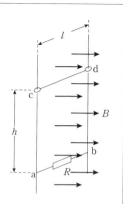

(1) v_0 を求めよ。

(2) 衝突するまでに回路で発生したジュール熱 Q はいくらか。

[解]

(1) cd に生じる誘導起電力は $v_0 Bl$，流れる電流は
a → b → d → c の向きで

$$I = \frac{v_0 Bl}{R}$$

cd が受ける電磁力 F は

$$F = IBl = \frac{v_0 B^2 l^2}{R}$$

等速度運動であるから，力のつり合い $F = mg$ より

$$v_0 = \underline{\frac{mgR}{B^2 l^2}}$$

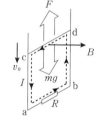

(2) cd が失った位置エネルギー (mgh) は，運動エネルギー $\left(\frac{1}{2}mv_0{}^2\right)$ とジュール熱 (Q) の和に等しい（エネルギー保存の法則）。

$$\therefore \quad Q = mgh - \frac{1}{2}mv_0{}^2 = \underline{mgh - \frac{m}{2}\left(\frac{mgR}{B^2 l^2}\right)^2}$$

例題 139

磁束密度 1 T の鉛直上向きの一様な磁場中で，間隔が 1 m の十分に長いレールが水平に固定されている。レールには，起電力 3 V の内部抵抗の無視できる電池と 2 Ω の抵抗が接続されている。いま，金属棒 PQ（質量 0.5 kg）をレールに垂直にのせ，スイッチ S を閉じたところ，

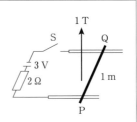

PQ は動きだした。十分時間がたった後，PQ は一定の速さ v_0〔m/s〕になった。レールと PQ の動摩擦係数は $\mu = 0.2$，重力加速度の大きさは 9.8 m/s² である。

(1) PQ の速さが v〔m/s〕になったとき電池を流れる電流 i〔A〕を求めよ。

(2) v_0〔m/s〕を求めよ。

解

(1) PQ に生じている誘導起電力の大きさは公式より vBl〔V〕である。また，PQ は右向きに動くので，誘導起電力の向きは Q→P の向きである。PQ は P を＋端子，Q を－端子とする起電力 vBl〔V〕の電池に相当する。

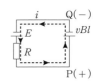

キルヒホッフの第 2 法則より　$E - vBl = Ri$

$$i = \frac{E - vBl}{R} = \underline{\frac{3 - v}{2}}\text{〔A〕}$$

(2) v_0 の速さのとき，流れる電流は $i_0 = \dfrac{3 - v_0}{2}$〔A〕である。等速度運動だから，PQ が受ける電磁力（$i_0 Bl$）と動摩擦力（μmg）とは等しい。

$\dfrac{3 - v_0}{2} \times Bl = \mu mg$ に数値を代入して

$$3 - v_0 = 1.96 \quad \therefore \quad v_0 = \underline{1.04}\text{〔m/s〕}$$

誘導起電力を電池に置き換えると，後は，直流回路の問題

磁束密度 B の鉛直上向きの一様な磁場中で間隔 l の十分に長い滑らかなレールが水平に対して $60°$ の角度で固定されている。レールの両端は抵抗 R でつながれている。レールに質量 m の導体棒を静かにのせると，導体棒はレールに沿って落下しはじめ，十分時間が経過した後，一定の速さ v_0 になった。重力加速度の大きさを g とする。

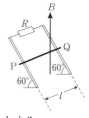

(1) PQ の速さが v_0 のとき，PQ に生じる誘導起電力の大きさはいくらか。

(2) PQ にはたらく力のつり合いより v_0 を求めよ。

解

(1) PQ は磁束密度 B に垂直に速さ $v_0\cos 60°$ で運動しているので，PQ に生じる誘導起電力の大きさは $v_0\cos 60° \times B \times l = \dfrac{1}{2}v_0Bl$ である。PQ が落下するにつれて回路の面積は増加し，回路を鉛直上向きに貫く磁束が増加する。したがって，上向きに増加する磁束を打ち消すように誘導起電力が生じるので，その向きは $Q \to P$ の向きである。PQ は P を $+$ 端子，Q を $-$ 端子とする起電力 $\dfrac{1}{2}v_0Bl$ の電池に相当する。

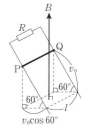

(2) PQ を流れる電流は $I = \dfrac{v_0Bl}{2R}$ である。PQ にはたらく力は重力（mg），電磁力（IBl）および垂直抗力の 3 力である。これらがつり合っているので，P 側から見た図を参考にすると，重力と磁場からの力の合力が垂直抗力の大きさに等しく，逆向きになっている様子が分かる。

$$\tan 60° = \frac{IBl}{mg} \quad \text{より} \quad v_0 = \frac{2\sqrt{3}\,mgR}{B^2l^2}$$

 vBl の v は磁場に垂直な速度成分

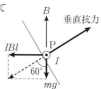

例題 **141**

　矢印の向きに一様な磁場がかけられた 100 回巻きのコイル AB がある。AB を貫く磁束 Φ〔Wb〕の時間的変化がグラフに示されている。

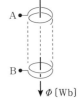

(1)　時刻 0 から 3〔s〕の間で，AB 間の誘導起電力の大きさはいくらか。また，A と B ではどちらの電位が高いか。

(2)　時刻 5〔s〕から 7〔s〕の間で，AB 間の誘導起電力の大きさはいくらか。また，A と B ではどちらの電位が高いか。

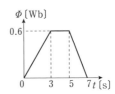

解

(1)　磁束の増加は 3 秒間に $\Delta\Phi = 0.6$〔Wb〕である。誘導起電力の大きさは V は $V = N\dfrac{\Delta\Phi}{\Delta t}$ より $V =$

$100 \times \dfrac{0.6}{3} = \underline{20}$〔V〕である。誘導起電力 V は，コイ

ル内を貫く下向きの磁束が増加するのを妨げるように生じる。すなわち，コイル内を B から A の向きに電流を流そうとする向きに発生する。AB に抵抗 r をつなぐと，抵抗 r を A から B の向きに電流が流れる。結局，コイルは A を＋端子，B を－端子とする起電力 20 V の電池と同じ役割をするので，電位は <u>A</u> のほうが高い。

(2)　磁束の減少は 2 秒間に $\Delta\Phi = 0.6$〔Wb〕である。AB 間の誘導起電力の大きさは　$N\dfrac{\Delta\Phi}{\Delta t} = 100 \times \dfrac{0.6}{2}$

$= \underline{30}$〔V〕である。誘導起電力の向きは，下向きの磁束が減少するのを妨げる向きとなるから，A から B の向きである。AB に抵抗 r をつなぐと，電流は r を B から A の向きに流れる。このとき，コイルは A を－端子，B を＋端子とする起電力 30V の電池と同じ役割をするので，A より <u>B</u> のほうが電位が高い。

例題 142

変圧器のコイル 1 に流れる電流 i_1 がグラフのように変化するとき，コイル 2 に生じる相互誘導起電力 V_2（ただし，Q に対する P の電位で表す）と時間との関係を図示せよ。ただし，相互インダクタンスを 0.6〔H〕とする。

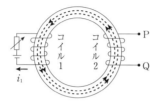
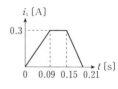

解

(0〜0.09 s)

グラフより i_1 は増加しているので，コイル 2 を貫く磁束は（破線の矢印の向きに）増加する。

$\dfrac{\varDelta i_1}{\varDelta t} = \dfrac{0.3}{0.09} = \dfrac{10}{3}$〔A/s〕なので，PQ 間の相互誘導

起電力の大きさは $M\dfrac{\varDelta i_1}{\varDelta t} = 0.6 \times \dfrac{10}{3} = 2$〔V〕

その向きは，磁束の増加を妨げる Q から P の向きなので，コイル 2 は P を ＋端子，Q を −端子とする起電力 2 V の電池に相当する。

(0.09 s〜0.15 s)

グラフより $\dfrac{\varDelta i_1}{\varDelta t} = 0$ なので，コイル 2 を貫く磁束は変化しない。したがって，PQ 間の相互誘導起電力は 0 である。

(0.15 s〜0.21 s)

グラフより i_1 は減少しているので，コイル 2 を貫く磁束は減少する。

$\dfrac{\varDelta i_1}{\varDelta t} = \dfrac{-0.3}{0.21 - 0.15} = -5$〔A/s〕なので，PQ 間の相互誘導起電力の大きさは

$$M\left|\dfrac{\varDelta i_1}{\varDelta t}\right| = 0.6 \times 5 = 3 \text{〔V〕}$$

その向きは，磁束の減少を妨げる P から Q の向きなので，コイル 2 は P を −端子，Q を ＋端子とする起電力 3 V の電池に相当する。

(0〜0.09 s)

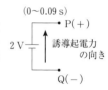

(0.15 s〜0.21 s)

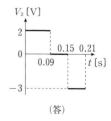

(答)

—252—

例題 **143**

磁束密度 B〔Wb/m²〕の磁場中で面積 S〔m²〕, N 巻きのコイルを角速度 ω〔rad/s〕で回転させた。ただし，時刻 $t=0$ においてコイルの面は磁場に垂直であった。

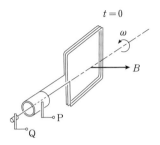

(1) 時刻 t のとき，コイルを貫く磁束 Φ はいくらか。

(2) Q に対する P の電位を v として，コイルに生じる交流電圧 v を求めよ。ここで，

$$\frac{\Delta(\cos\omega t)}{\Delta t} = -\omega\sin\omega t$$ を用いよ。

$B=0.1$〔Wb/m²〕, $S=0.5$〔m²〕, $N=10$ 巻き, $\omega=100\pi$〔rad/s〕とする。

(3) 交流の周期はいくらか。

(4) 交流電圧の実効値はいくらか。

解

(1) コイルの面に垂直な磁束密度の成分は $B\cos\omega t$〔Wb/m²〕だから

$$\Phi = B\cos\omega t\,\text{〔Wb/m²〕} \times S\,\text{〔m²〕}$$
$$= \underline{BS\cos\omega t\,\text{〔Wb〕}}$$

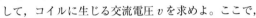

(2) 誘導起電力はコイルを貫く磁束の変化を妨げるように生じる。

$$v = -N \times \frac{\Delta\Phi}{\Delta t} = -NBS \times \frac{\Delta\cos\omega t}{\Delta t} = \underline{NBS\omega\sin\omega t\,\text{〔V〕}}$$

(3) 周期を T とすると

$$T = \frac{2\pi}{\omega} = \frac{2\pi}{100\pi} = \frac{1}{50} = \underline{0.02\,\text{〔s〕}}$$

(4) 最大電圧 v_0 は $v_0 = NBS\omega$ である。

$$v_0 = 10 \times 0.1 \times 0.5 \times 100\pi = 50\pi\,\text{〔V〕}$$

実効値 V は

$$V = \frac{v_0}{\sqrt{2}} = \frac{50\pi}{\sqrt{2}} = 25\sqrt{2}\,\pi\,\text{〔V〕} \fallingdotseq \underline{111\,\text{〔V〕}}$$

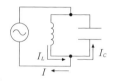

例題 144

　自己インダクタンス 1 H のコイルと電気容量 4 μF のコンデンサーが，電圧の実効値 100 V の交流電源に並列に接続されている。電源の周波数は変化させることができる。

(1)　周波数が 50 Hz のとき，電源を流れる電流の実効値はいくらか。

(2)　電源を流れる電流の実効値が 0 となるときの周波数はいくらか。

解

(1)　角周波数は $\omega = 2\pi f = 2\pi \times 50 = 100\pi$ 〔rad/s〕，誘導リアクタンスは $\omega L = 100\pi \times 1 = 100\pi$ 〔Ω〕，コイルを流れる交流電流の実効値 I_L は

$$I_L = \frac{V}{\omega L} = \frac{100}{100\pi} = \frac{1}{\pi} \fallingdotseq 0.318 \text{〔A〕}$$

　　電気容量は $C = 4 \times 10^{-6}$ 〔F〕，容量リアクタンスは

$$\frac{1}{\omega C} = \frac{1}{100\pi \times 4 \times 10^{-6}} = \frac{1}{4\pi \times 10^{-4}} \text{〔Ω〕}$$

　　コンデンサーを流れる交流電流の実効値 I_C は

$$I_C = \frac{V}{\dfrac{1}{\omega C}} = 100 \times 4\pi \times 10^{-4} \fallingdotseq 0.126 \text{〔A〕}$$

　　コイルとコンデンサーを流れる電流の位相は π 〔rad〕だけずれているので，符号は互いに逆になる。電源を流れる電流の実効値は

$$I = I_L - I_C = \underline{0.192 \text{〔A〕}}$$

(2)　$I = 0$ になるためには，$I_L = I_C$ であればよいから，$\omega L = \dfrac{1}{\omega C}$ より $\omega = \dfrac{1}{\sqrt{LC}}$ となる。

　　したがって，周波数は

$$f = \frac{\omega}{2\pi} = \frac{1}{2\pi\sqrt{LC}} = \frac{1}{2\pi \times \sqrt{1 \times 4 \times 10^{-6}}} = \frac{1}{2\pi \times 2 \times 10^{-3}} = \frac{10^3}{4\pi}$$

$$\fallingdotseq \underline{79.6 \text{〔Hz〕}}$$

例題 145

周波数 50〔Hz〕の交流電源に自己イン

ダクタンス $\dfrac{10}{\pi}$〔H〕のコイルと抵抗値のわ

からない抵抗を直列につないだ。抵抗の電

圧は 10〔V〕，コイルの電圧（実効値）は

20〔V〕であった。

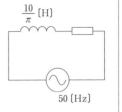

(1) コイルの誘導リアクタンスはいくらか。

(2) コイルに流れる電流（実効値）はいくらか。

(3) 抵抗の値はいくらか。

(4) 電源の電圧（実効値）はいくらか。

解

(1) $f = 50$〔Hz〕であり，角周波数 $\omega = 2\pi f = 100\pi$〔rad/s〕である。コイ
ルの誘導リアクタンス ωL は

$$\omega L = 100\pi \times \frac{10}{\pi} = \underline{1000}\ 〔\Omega〕$$

(2) 電流を I（実効値）とすると，コイルの電圧の実効値は 20〔V〕であるか
ら，

$$20 = 1000 \times I \ \text{より} \qquad I = \underline{2 \times 10^{-2}}\ 〔A〕$$

(3) コイルと抵抗は直列につながれているので，抵抗を流れる電流（実効値）
はコイルを流れる電流（実効値）2×10^{-2}〔A〕に等しい。また，抵抗の電圧
（実効値）は 10〔V〕であるから，抵抗値を R とすると，

$$10 = R \times 2 \times 10^{-2} \ \text{より} \qquad R = \underline{500}\ 〔\Omega〕$$

(4) 直列 RLC 回路のインピーダンスの公式で，コンデンサーの容量リアクタ
ンスの項を省けば，直列 RL 回路のインピーダンスとなる。直列 RL 回
路のインピーダンス Z は

$$Z = \sqrt{R^2 + (\omega L)^2} \ \text{より} \qquad Z = \sqrt{(500)^2 + (1000)^2} = 5 \times 10^2 \sqrt{5}\ 〔\Omega〕$$

電源の電圧（実効値）を V とすると

$$V = ZI \ \text{より} \qquad V = 5 \times 10^2 \sqrt{5} \times 2 \times 10^{-2} = 10\sqrt{5} \fallingdotseq \underline{22.4}\ 〔V〕$$

**直列回路ではインピーダンスの公式は R, L, C のどれ
かが欠けても利用できる。**

例題 **146**

E は電池(起電力 10〔V〕),R は抵抗,C はコンデンサー(電気容量 10〔μF〕)および L はコイル(自己インダクタンス 4〔mH〕)である。

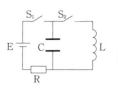

スイッチ S_2 は開いたままで,スイッチ S_1 のみを閉じ,十分時間が経ってから S_1 を開いた。

(1) コンデンサー C に蓄えられているエネルギーはいくらか。

引きつづきスイッチ S_1 は開いたままで,スイッチ S_2 を閉じたところ,C と L には振動電流が流れた。

(2) 振動電流の周期とその最大値はいくらか。ただし,有効数字は 2 桁とする。

解

(1) コンデンサーは 10 V で充電されている。静電エネルギーの公式 $\frac{1}{2}CV^2$

より, $C = 10〔\mu F〕= 10 \times 10^{-6}〔F〕$ であるから

$$\frac{1}{2} \times 10 \times 10^{-6} \times 10^2 = \underline{5 \times 10^{-4}〔J〕}$$

(2) 振動回路の周期の公式 $T = 2\pi\sqrt{LC}$ より

$L = 4〔mH〕= 4 \times 10^{-3}〔H〕$ であるから

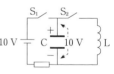

$$T = 2 \times 3.14\sqrt{4 \times 10^{-3} \times 10 \times 10^{-6}}$$

$$= 6.28\sqrt{4 \times 10^{-8}} \fallingdotseq \underline{1.3 \times 10^{-3}〔s〕}$$

$\frac{1}{4}$ 周期後に,コンデンサーの電気量は 0 となり,電流は最大値 i_0 になる。

エネルギー保存則は, $\frac{1}{2}CV^2 = \frac{1}{2}Li_0^2$ と表される。

$$\therefore \quad i_0 = V\sqrt{\frac{C}{L}} = 10\sqrt{\frac{10 \times 10^{-6}}{4 \times 10^{-3}}} = 10\sqrt{2.5 \times 10^{-3}} = \underline{5.0 \times 10^{-1}〔A〕}$$

ココが
ポイント

〔振動回路のエネルギー保存則〕

$$\frac{q^2}{2C} + \frac{1}{2}Li^2 = \text{一定}$$

22 粒子性と波動性

124. 真空放電 蛍光灯は内部の電極間に薄い水銀の蒸気が封入してある。電極間に電圧をかけると、放電がはじまり水銀蒸気からは目に見えない ア が発生する。このとき発生した ア が蛍光灯の内側の壁に塗られた蛍光物質に吸収されて イ が発生する仕組みになっている。

・・・

125. 電子ボルト 初速ゼロの電子（質量 m [kg]、電気量 $-e$ [C]）を電位差 V_0 [V] の極板 A、B 間で加速する。加速後の電子の速さは ア [m/s] になる。

1 [eV]（電子ボルト）は、電子が 1 [V] の電位差で加速されたときにもつ、電子の運動エネルギーの大きさである。

$e = 1.6 \times 10^{-19}$ [C] なので、1 [eV] = イ [J] である。

$V_0 = 5.0 \times 10^5$ [V] のとき、電子が得る運動エネルギーは ウ [eV] になる。

・・・

126. 光子 プランク定数を $h = 6.6 \times 10^{-34}$ [J·s]、真空での光速を $c = 3.0 \times 10^8$ [m/s] とする。光を粒子（**光子**あるいは**光量子**という）の集まりと考えるとき、振動数 $\nu = 6.0 \times 10^{14}$ [Hz] の光では、光子1個の**エネルギー**は ア [J] で、**運動量**の大きさは イ [kg·m/s] である。

解答▼解説

124.

真空放電

圧力が非常に小さい気体中を電流が流れる現象

　蛍光灯の電極に電圧をかけると真空放電により陰極から陽極に向けて電子が飛び出し，進む。電子の流れの向きと反対の向きを電流の向きとしているので，陽極から陰極に向けて電流が流れたことになる。電子が管内の水銀原子に衝突した際，水銀原子から<u>紫外線</u>(ア)が放出される。紫外線は目に見えないが，内側の管壁に塗られた蛍光塗料に紫外線が吸収されて<u>可視光線</u>(イ)が発生する。

● ●

125.　　極板 A を電位の基準 (0 V) とする。エネルギー保存則より

$$\frac{1}{2}m \times 0^2 + (-e) \times 0 = \frac{1}{2}mv^2 + (-e) \times V_0$$

$$\therefore \quad \frac{1}{2}mv^2 = eV_0 \quad \therefore \quad v = \sqrt{\frac{2eV_0}{m}} \text{(ア)} \; \text{[m/s]}$$

$$\frac{1}{2}mv^2 = eV_0 = (1.6 \times 10^{-19}) \times 1 = 1.6 \times 10^{-19} \; \text{[J]} \; \text{が } 1 \; \text{[eV]} \; \text{である。}$$

$$\therefore \quad \underline{1.6 \times 10^{-19}}_{\text{(イ)}} \text{[J]}$$

電子ボルト

$1 \, \text{[eV]} = e \, \text{[J]}$

$$\frac{(1.6 \times 10^{-19}) \times (5.0 \times 10^5)}{1.6 \times 10^{-19}} = \underline{5.0 \times 10^5}_{\text{(ウ)}} \text{[eV]}$$

● ●

126.　　**光子のエネルギーは $E = h\nu$，運動量は $p = \dfrac{h\nu}{c}$ である。**

$$E = h\nu = (6.6 \times 10^{-34})(6.0 \times 10^{14}) \fallingdotseq \underline{4.0 \times 10^{-19}}_{\text{(ア)}} \text{[J]}$$

$$p = \frac{h\nu}{c} = \frac{(6.6 \times 10^{-34})(6.0 \times 10^{14})}{3.0 \times 10^8} \fallingdotseq \underline{1.3 \times 10^{-27}}_{\text{(イ)}} \text{[kg·m/s]}$$

　また，光 (単色光) を波動とみるときは，振幅の大きいのが強い光であるが，粒子とみるときは，光子数の多いのが強い光と考える。

光子

$E = h\nu$

$p = \dfrac{h\nu}{c} = \dfrac{h}{\lambda}$

127. 光電効果 金属板に光を当てると，電子がとび出す。光の振動数を変えず，強さを大きくすると，とび出す電子（**光電子**という）の個数は ア くなり，その運動エネルギーの最大値は イ い。

また，光の振動数がある値（**限界振動数**）より ウ いとき，光の強さを大きくしても電子はとび出さない。

電子が金属板からとび出すのに必要なエネルギーの最小値 W〔J〕を エ という。プランク定数を h〔J・s〕，限界振動数を ν_0〔Hz〕とすると，$W =$ オ となる。

• •

128. コンプトン効果 静止した電子（質量 m）に波長 λ の X 線を当てたところ，電子は速さ v ではね飛ばされ，反射 X 線の波長は λ' となった。この現象は X 線光子と電子の**弾性衝突**と考えられる。プランク定数を h，真空での光速を c とする。

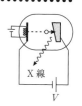

(ア) エネルギー保存の式を表せ。

(イ) 運動量保存の式を表せ。

• •

129. X 線 X 線は可視光線や紫外線より波長の ア い電磁波であり，加速した電子を金属に当てると発生する。電子の質量を m，電気量を $-e$，加速電圧を V とする。加速後の電子の速さを v とすると，$\dfrac{1}{2}mv^2 =$ イ となる。この電子が金属に衝突して運動エネルギーを失い，X 線が発生する。その**最短波長** λ_0 は，プランク定数を h，真空での光速を c として，$\lambda_0 =$ ウ となる。

127. 光子1個が電子1個に当たり，光子のエネルギーを吸収した電子が金属板からとび出す。電子がとび出すのに必要なエネルギーの最小値 W を**仕事関数**という。したがって，とび出してきた電子の運動エネルギーの最大値 $\frac{1}{2}mv^2_{\max}$ は，吸収した光子のエネルギー $h\nu$ より W だけ小さい。また，$h\nu < W$ のとき，電子は金属板からとび出せない。

```
────────────── 光電効果 ──────────────

    1/2 mv²max = hν − W      W = hν₀

   W：仕事関数      ν₀：限界振動数
```

$$\frac{1}{2}mv^2_{\max} = h\nu - W \qquad W = h\nu_0$$

W：仕事関数　　ν_0：限界振動数

光子数の多い光が，強い光なので，光を強くすると，とび出す電子の個数は多くなる。しかし，光子1個のエネルギーは変わらないので，$\frac{1}{2}mv^2_{\max}$ は変わらない。

<u>多</u>(ア)　<u>変わらな</u>(イ)　<u>小さ</u>(ウ)　<u>仕事関数</u>(エ)　<u>$h\nu_0$</u>(オ)

• •

128. 質点の弾性衝突と同様に扱う。振動数と波長の関係式 $\nu = \dfrac{c}{\lambda}$ を用いると，光子のエネルギーは，$E = h\nu = \dfrac{hc}{\lambda}$ となり，運動量は $p = \dfrac{h\nu}{c} = \dfrac{h}{\lambda}$ となる。

エネルギー保存則より　　$\underline{\dfrac{hc}{\lambda} = \dfrac{hc}{\lambda'} + \dfrac{1}{2}mv^2}_{(ア)}$

衝突前の光子の進行方向を正にとると，運動量保存則より

$$\underline{\frac{h}{\lambda} = -\frac{h}{\lambda'} + mv}_{(イ)}$$

• •

129. X線の波長は可視光線や紫外線の波長より<u>短</u>(ア)い。

エネルギー保存則より　　$\dfrac{1}{2}mv^2 = \underline{eV}_{(イ)}$

金属との衝突で失われる電子の運動エネルギーの一部あるいは全部がX線光子として放出される。

$$\therefore \ eV = \frac{1}{2}mv^2 \geqq h\nu = \frac{hc}{\lambda} \qquad \therefore \ \lambda \geqq \underline{\frac{hc}{eV}}_{(ウ)} \ (= \lambda_0)$$

130. **ブラッグ反射**　結晶内に規則正しく並ぶ原子の面を**原子配列面 (格子面)** という。原子配列面の間隔を d とする。波長 λ の X 線が原子配列面に対して θ の角度で入射し，θ の角度で反射するときを考える。図の原子配列面 α と原子配列面 β で反射される X 線の経路差は ア となるので，反射 X 線が干渉して強め合う条件式は，自然数 n を用いて ア ＝ イ となる。

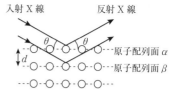

入射 X 線　　反射 X 線

θ　θ

d

---O---O---O---O---O---O--- 原子配列面 α

---O---O---O---O---O--- 原子配列面 β

---O---O---O---O---O---O---

• •

131. **物質波**　光は電磁波としての波動性と ア としての粒子性を合わせもつ。同様に，電子などの物質も粒子性と波動性を合わせもつ。物質が波動性を示すときの波を**物質波**という。質量 m〔kg〕の電子が速さ v〔m/s〕で運動するとき，物質波 (電子波) の波長 λ〔m〕は，プランク定数を h〔J・s〕とすると，$\lambda ＝$ イ と表される。

130. 　経路差は，図の ABC の長さである。

直角三角形 OAB と OBC に着目して

$$\therefore \quad \underline{2d\sin\theta}_{(\mathcal{P})}$$

経路差が波長の自然数倍になるときに強

め合う。　　$\therefore \quad \underline{n\lambda}_{(\mathcal{A})}$

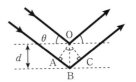

> **ブラッグの条件**
> $$2d\sin\theta = n\lambda$$

● ●

131. 　$\underline{\text{光子（光量子）}}_{(\mathcal{P})}$

$$\lambda = \underline{\frac{h}{mv}}_{(\mathcal{A})}$$

　光子の運動量 p と波長 λ の関係式は　$p = \dfrac{h}{\lambda}$　であるから，式変形

して　$\lambda = \dfrac{h}{p}$　となり，(イ)と同じ形になる。波長と運動量の関係は，

光と物質波（ド・ブロイ波ともいう）で同じになっている。

> **物質波の波長**
> $$\lambda = \frac{h}{mv}$$

132. 水素原子の構造　水素原子では，原子核（電気量 e の陽子）のまわりを**電子**（質量 m，電気量 $-e$）が等速円運動をしている。電子の速さを v，軌道半径を r，クーロンの法則の比例定数を k とする。静電気力が向心力として電子に働くので

電子
原子核

$$m\frac{v^2}{r} = \boxed{\text{ア}} \qquad \cdots\cdots\text{①}$$

また，プランク定数を h，自然数を $n(n=1, 2, 3, \cdots)$ とすると，**量子条件**（円軌道の長さは電子波の波長の自然数倍に等しい）は

$$2\pi r = n \times \boxed{\text{イ}} \qquad \cdots\cdots\text{②}$$

①，②式を満たす半径 r および速さ v は，$n=1, 2, 3, \cdots\cdots$ に応じてとびとびの値になる。n を**量子数**という。このとき，電子のエネルギーも $n=1, 2, 3, \cdots\cdots$ に応じてとびとびの値になり，これを**エネルギー準位**という。$n=1$ のときのエネルギーが最小で，この状態を $\boxed{\text{ウ}}$ 状態という。$n \geqq 2$ の状態を $\boxed{\text{エ}}$ 状態という。

・・

133. 光の放出　プランク定数を h とする。原子のエネルギー準位が E_n（n は量子数）の状態から E_l（$l<n$）の状態へ移るときに放出される光の振動数は $\boxed{\text{ア}}$ となる。

水素原子の場合，$E_n = -\dfrac{2.2 \times 10^{-18}}{n^2}$〔J〕である。$n=3$，$l=2$ とすると，放出される光子のエネルギーは $\boxed{\text{イ}}$〔J〕である。$h=6.6 \times 10^{-34}$〔J・s〕とすると，光の振動数は $\boxed{\text{ウ}}$〔Hz〕である。

132. 等速円運動の式より

$$m\frac{v^2}{r} = k\frac{e^2}{r^2}_{(ア)}$$

$n = 4$ の場合

電子波の波長は $\lambda = \dfrac{h}{mv}$ なので

$$2\pi r = n \times \lambda = n \times \frac{h}{mv}_{(イ)}$$

ちなみに，この両式を満たす電子の軌道半径 r は

$$r = \frac{h^2}{4\pi^2 mke^2} \times n^2 \qquad n = 1, \ 2, \ 3, \ \cdots\cdots$$

となる。電子は任意の円軌道を回るのではなく，n の値に応じた特定の半径の軌道しか回らない。

原子構造

電子の粒子性より $\qquad m\dfrac{v^2}{r} = k\dfrac{e^2}{r^2}$

電子の波動性より $\qquad 2\pi r = n\dfrac{h}{mv}$

$n = 1$ **基底**$_{(ウ)}$ $\qquad n \geqq 2$ **励起**$_{(エ)}$

• •

133. 原子が放出する光子のエネルギーは，原子のエネルギー準位の変化量に等しくなる。

光の放出
$$h\nu = E_n - E_l$$

$$\therefore \ h\nu = E_n - E_l \qquad \therefore \ \nu = \frac{E_n - E_l}{h}_{(ア)}$$

$$h\nu = E_3 - E_2 = \left(-\frac{2.2 \times 10^{-18}}{3^2}\right) - \left(-\frac{2.2 \times 10^{-18}}{2^2}\right)$$

$$\fallingdotseq 3.05 \times 10^{-19} \fallingdotseq \underline{3.1 \times 10^{-19}}_{(イ)} \text{〔J〕}$$

$$\nu = \frac{E_3 - E_2}{h} = \frac{3.05 \times 10^{-19}}{6.6 \times 10^{-34}} \fallingdotseq \underline{4.6 \times 10^{14}}_{(ウ)} \text{〔Hz〕}$$

134. **リュードベリ定数** 水素原子が放出する光の波長 λ〔m〕は，自然数 l, $n(l < n,\ n = l+1,\ l+2,\ \cdots\cdots)$ に対して

$$\frac{1}{\lambda} = R\left(\frac{1}{l^2} - \frac{1}{n^2}\right)$$

となる。R〔1/m〕は**リュードベリ定数**と呼ばれる。

$l=1$ と $n=2$ の組み合わせのとき，$\lambda_2 = \boxed{\quad ア \quad}$〔m〕となり，$l=1$ と $n=3$ では，$\lambda_3 = \boxed{\quad イ \quad}$〔m〕，$l=1$ と $n=4$ では，$\lambda_4 = \boxed{\quad ウ \quad}$〔m〕となる。$\lambda_2,\ \lambda_3,\ \lambda_4$ の大小関係は $\boxed{\quad エ \quad}$ となる。

134. $l=1$, $n=2$ を代入して

$$\frac{1}{\lambda_2} = R\left(\frac{1}{1^2} - \frac{1}{2^2}\right) = \frac{3R}{4} \qquad \therefore \quad \lambda_2 = \underline{\frac{4}{3R}}_{(\mathcal{P})} \ (\mathrm{m})$$

$l=1$, $n=3$ を代入して

$$\frac{1}{\lambda_3} = R\left(\frac{1}{1^2} - \frac{1}{3^2}\right) = \frac{8R}{9} \qquad \therefore \quad \lambda_3 = \underline{\frac{9}{8R}}_{(\mathcal{A})} \ (\mathrm{m})$$

$l=1$, $n=4$ を代入して

$$\frac{1}{\lambda_4} = R\left(\frac{1}{1^2} - \frac{1}{4^2}\right) = \frac{15R}{16} \quad \therefore \quad \lambda_4 = \underline{\frac{16}{15R}}_{(\mathcal{P})} \ (\mathrm{m})$$

$$\lambda_2 = \frac{4}{3R} = 1.33\cdots/R \ , \ \lambda_3 = \frac{9}{8R} = 1.125/R \ , \ \lambda_4 = \frac{16}{15R} = 1.066\cdots/R$$

$$\therefore \quad \underline{\lambda_4 < \lambda_3 < \lambda_2}_{(\mathcal{I})}$$

以上の結果から類推できるように，l の値が一定のとき，n の値が大きくなるにつれて，波長 λ が短くなる。最も波長が短くなるのは，$n = \infty$ (無限大)のときである。

次の文中の空欄を埋めよ。

強さ E の一様な電場を鉛直上向きにかけ，質量 m の荷電粒子 P を電場中に置く。このとき，静電気力と重力とがつり合って，P が空中に静止した。重力加速度の大きさを g とすると，P の電気量は ［ 1 ］ となる。

次に，電場をかけるのをやめると，P は落下を始め，しばらくすると一定の速さ v_0 になった。P が空気から受ける抵抗力の大きさ f は，P の速さを v，比例定数を k とすると，$f = kv$ と表される。P の電気量を E, k, v_0 で表すと ［ 2 ］ となる。

以上のような実験を，多数の荷電粒子について行ったところ，その電気量として次のような値を得た。

3.21×10^{-19} C，6.38×10^{-19} C，7.99×10^{-19} C，9.57×10^{-19} C

これらの値から電気素量を有効数字 3 けたで推定すると ［ 3 ］ C である。

解

(1) P の電気量を q とすると，力のつり合いより

$$mg = qE \qquad \therefore \quad q = \frac{mg}{E}$$

(2) 空気から受ける抵抗力 kv_0 と重力 mg がつり合うと，等速度運動になる。

$$\therefore \quad mg = kv_0$$

これを(1)の答えに代入する。 $\quad \therefore \quad q = \frac{mg}{E} = \frac{kv_0}{E}$

(3) 電気量の差をとると

$6.38 - 3.21 = 3.17$，$7.99 - 6.38 = 1.61$，$9.57 - 7.99 = 1.58$

以上の結果より，電気素量は約 1.6×10^{-19} C である。各電荷と電気素量の比をとると

$$\frac{3.21}{1.6} \fallingdotseq 2.01 \fallingdotseq 2 \qquad \frac{6.38}{1.6} \fallingdotseq 3.99 \fallingdotseq 4$$

$$\frac{7.99}{1.6} \fallingdotseq 4.99 \fallingdotseq 5 \qquad \frac{9.57}{1.6} \fallingdotseq 5.98 \fallingdotseq 6$$

これらの 4 個の電荷の総和は，電気素量の $2+4+5+6=17$ 倍になる。したがって，電気素量 e は

$$e = \frac{3.21 + 6.38 + 7.99 + 9.57}{17} \times 10^{-19} \fallingdotseq \underline{1.60 \times 10^{-19}} \text{[C]}$$

例題 148

真空容器内に金属板 K と電極 P を入れ，KP 間に 3.0V の電圧をかける。K に，6.0×10^{-7} m より波長の短い光を当てると電流計 Ⓐ に電流が流れるが，それより長い波長の光では電流が流れない。プランク定数を 6.6×10^{-34} J·s，真空での光速を 3.0×10^8 m/s，電子の電気量を -1.6×10^{-19} C とする。

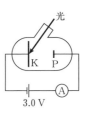

(1) 金属板 K の仕事関数を求めよ。

(2) 波長 3.3×10^{-7} m の光を当てるとき，　(ア) K から飛び出した直後の電子，　(イ) P に達する直前の電子，について運動エネルギーの最大値をそれぞれ求めよ。

解

(1) 題意より，$\lambda_0 = 6.0 \times 10^{-7}$ m は光電効果が起こる**限界波長**にあたる。

$$W = h\nu_0 = \frac{hc}{\lambda_0} = \frac{(6.6 \times 10^{-34})(3.0 \times 10^8)}{6.0 \times 10^{-7}} = \underline{3.3 \times 10^{-19} \text{〔J〕}}$$

(2) 波長 3.3×10^{-7} m の光子のエネルギーは

$$E = h\nu = \frac{hc}{\lambda} = \frac{(6.6 \times 10^{-34})(3.0 \times 10^8)}{3.3 \times 10^{-7}} = 6.0 \times 10^{-19} \text{〔J〕}$$

電子（質量 m，電気量 $-e$）はこのエネルギーを吸収するが，仕事関数あるいはそれ以上のエネルギーを消費するので，K から飛び出した電子の運動エネルギーの最大値 $\frac{1}{2}mv^2_{\text{max}}$ は次のようになる。

$$\frac{1}{2}mv^2_{\text{max}} = E - W = 6.0 \times 10^{-19} - 3.3 \times 10^{-19} = \underline{2.7 \times 10^{-19} \text{〔J〕}}_{(ア)}$$

K の電位を基準として，エネルギー保存則を用いる。

$$\frac{1}{2}mv^2_{\text{max}} + (-e) \cdot 0 = \frac{1}{2}mv^2 + (-e) \cdot 3.0$$

$$\therefore \quad \frac{1}{2}mv^2 = \frac{1}{2}mv^2_{\text{max}} + 3.0e$$

$$= 2.7 \times 10^{-19} + 3.0 \times 1.6 \times 10^{-19} = \underline{7.5 \times 10^{-19} \text{〔J〕}}_{(イ)}$$

　光電効果ではエネルギー保存則

すべり抵抗器の接点を調整して，光電管の陽極 P の電位を正に保ち，波長 3.0×10^{-7} m の光を陰極 M に当てると，電流計 Ⓐ に電流が流れる。P の電位 V_P を -3.0 V 以下にすると，電流は流れなくなる。プランク定数を 6.6×10^{-34} J・s，真空での光速を 3.0×10^{8} m/s，電子の電気量を -1.6×10^{-19} C とする。

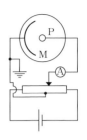

(1) M からとび出した電子の運動エネルギーの最大値を求めよ。

(2) M の仕事関数を求めよ。

(3) 波長 6.0×10^{-7} m の光を当てるとき，電流計 Ⓐ に電流が流れなくなるのは，P の電位がいくら以下のときか。

解

(1) 電子が MP 間の電場で減速され，P に達しないとき，電流が流れなくなる。$V_P = -3.0$ 〔V〕のときは，P に達する直前で電子の運動エネルギーがゼロになっている。

エネルギー保存則より

$$\frac{1}{2}m v_{max}^2 = (-e) V_P = (-1.6 \times 10^{-19})(-3.0) = \underline{4.8 \times 10^{-19}} \text{〔J〕}$$

この電圧 $|V_P|$〔V〕を**阻止電圧**という。

(2) $\dfrac{1}{2}m v_{max}^2 = h\nu - W, \quad h\nu = \dfrac{hc}{\lambda}$ より

$$W = \frac{hc}{\lambda} - \frac{1}{2}m v_{max}^2 = \frac{(6.6 \times 10^{-34})(3.0 \times 10^{8})}{3.0 \times 10^{-7}} - 4.8 \times 10^{-19}$$

$$= \underline{1.8 \times 10^{-19}} \text{〔J〕}$$

(3) $\dfrac{1}{2}m v_{max}'^2 = (-e) V_P', \quad W = \dfrac{hc}{\lambda'} - \dfrac{1}{2}m v_{max}'^2$ より

$$V_P' = -\frac{hc/\lambda' - W}{e}$$

$W = 1.8 \times 10^{-19}$〔J〕，$\lambda' = 6.0 \times 10^{-7}$〔m〕を代入して求める。

$$V_P' \fallingdotseq \underline{-0.94} \text{〔V〕}$$

例題 150

プランク定数を h，真空での光速を c，電子の質量を m とする。図のように，原点に静止している電子に波長 λ の X 線が当たり，電子が速さ v で xy 平面内にはねとばされ，同時に X 線も散乱した。この現象は X 線光子と電子の弾性衝突として扱える。

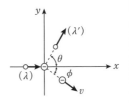

(1) エネルギー保存の式を表せ。
(2) x 方向と y 方向について，運動量保存の式をそれぞれ表せ。
(3) $\lambda^2 + \lambda'^2 \fallingdotseq 2\lambda\lambda'$ の近似式が成り立つとして，$\lambda' - \lambda$ を m, c, h および θ で表せ。

解

(1) $\dfrac{hc}{\lambda} = \dfrac{hc}{\lambda'} + \dfrac{1}{2}mv^2$

(2) $x\cdots \dfrac{h}{\lambda} = \dfrac{h}{\lambda'}\cos\theta + mv\cos\phi \quad y\cdots 0 = \dfrac{h}{\lambda'}\sin\theta - mv\sin\phi$

(3) (2)より $\cos\phi = \dfrac{h}{mv}\left(\dfrac{1}{\lambda} - \dfrac{\cos\theta}{\lambda'}\right),\ \sin\phi = \dfrac{h\sin\theta}{mv\lambda'}$

これを $\cos^2\phi + \sin^2\phi = 1$ に代入して

$$\left(\dfrac{h}{mv}\right)^2\left(\dfrac{1}{\lambda} - \dfrac{\cos\theta}{\lambda'}\right)^2 + \left(\dfrac{h\sin\theta}{mv\lambda'}\right)^2 = 1$$

$$\therefore\ v^2 = \dfrac{h^2}{m^2}\left(\dfrac{1}{\lambda^2} + \dfrac{1}{\lambda'^2} - \dfrac{2\cos\theta}{\lambda\lambda'}\right)$$

(1)へ v^2 を代入してまとめると $\lambda' - \lambda = \dfrac{h}{2mc}\left(\dfrac{\lambda^2 + \lambda'^2}{\lambda\lambda'} - 2\cos\theta\right)$

$\lambda^2 + \lambda'^2 \fallingdotseq 2\lambda\lambda'$ より $\lambda' - \lambda \fallingdotseq \dfrac{h}{mc}(1 - \cos\theta)$

 コンプトン効果ではエネルギーと運動量の保存

─ 例題 **151** ─────────────────────

　図1はX線発生装置の原理図，図2は発生したX線の波長とその強さの分布図である。強さは光の場合の明るさに対応する。

図1　　　　　　　　　　図2

　電気素量を e，電子の質量を m，プランク定数を h，真空での光速を c とする。図2の波長 λ_0，λ_1，λ_2 とこれらの記号を用いよ。ただし，Kを出るときの電子の初速はゼロとする。

(1) Pに達したときの電子の運動エネルギーはいくらか。

(2) PK間にかけられた加速電圧はいくらか。

(3) 加速電圧をより大きくするとき，図2の波長 λ_0，λ_1，λ_2 の値はどう変化するか。

────────────────────────

解

(1) 波長 λ_0 のX線光子のエネルギーが一番大きい。この光子のエネルギーは，Pに衝突した電子の運動エネルギーがそのまますべて変換されたものである。一部が変換された場合は**連続X線**となって現れる。

$$\therefore \quad \frac{1}{2}mv^2 = \frac{hc}{\lambda_0}$$

(2) エネルギー保存則より

$$eV = \frac{1}{2}mv^2 = \frac{hc}{\lambda_0} \quad \therefore \quad V = \frac{hc}{e\lambda_0}$$

(3) (2)より，$\lambda_0 = \dfrac{hc}{eV}$ となるので，加速電圧 V を大きくすると，$\underline{\lambda_0\ は小さくなる}$。

　波長 λ_1 と λ_2 のピークは**固有X線**（**特性X線**ともいう）の発生を示している。これは，電子の衝突によってPを構成する原子のエネルギー準位が上がり，それが再び元の状態に戻るとき放出される光子である。エネルギー準位は元素固有の値なので，放出される光子のエネルギー（波長）は変わらない。$\underline{\lambda_1\ と\ \lambda_2\ は変わらない}$。

─272─

例題 **152**

　X線を結晶に当て，その反射
X線を観測すると，角度により
反射X線は強くなったり弱く
なったりする。入射X線およ
び反射X線が原子配列面とな
す角を θ，原子配列面の間隔を
d〔m〕とする。

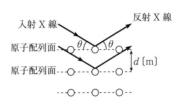

(1)　波長 λ〔m〕のX線を当て，θ をゼロから次第に増していったと
ころ，$\theta=15°$ で反射X線の強度がはじめて極大となった。θ を
ゼロから $90°$ にまで増す間に，反射X線の強度が極大になる回数
を求めよ。$\sin 15° \fallingdotseq 0.259$ である。

(2)　X線の代わりに電子線を用いる。電子の初速をゼロ，加速電圧
を V〔V〕，質量を m〔kg〕，電気量を $-e$〔C〕とし，プランク定
数を h〔J・s〕とする。反射電子線が強め合う条件式を d, θ, V,
m, e, h および自然数 n を用いて表せ。

解

(1)　ブラッグの条件より　$2d\sin\theta=n\lambda$　（$n=1,2,\cdots\cdots$）。　θ が大きく
なるにつれて n も大きくなるので，一番初めに条件式が成立するのは
$n=1$ の場合である。

　　$2d\sin 15°=1\times\lambda$　　$\therefore$　$\lambda=2d\sin 15°$

　　$\therefore$　$\sin\theta=\dfrac{n\lambda}{2d}=\dfrac{n\times 2d\sin 15°}{2d}=n\sin 15°=0.259n$

　$\sin\theta<1$ より　　$0.259n<1$　　$\therefore$　$n<\dfrac{1}{0.259}\fallingdotseq 3.8$

　$n=1,2,3$ の合計 <u>3回</u> 条件式が成立し，反射X線の強度が極大になる。

(2)　$\dfrac{1}{2}mv^2=eV$　　$\therefore$　$v=\sqrt{\dfrac{2eV}{m}}$ ……電子の速さ

　$\lambda=\dfrac{h}{mv}=\dfrac{h}{m\sqrt{2eV/m}}=\dfrac{h}{\sqrt{2meV}}$ ……電子線の波長

　この波長がブラッグの条件を満たせば強め合う。

$$\underline{2d\sin\theta=\dfrac{nh}{\sqrt{2meV}}}$$

次の文中の空欄を埋めよ。

電子の質量を m，電気素量を e，プランク定数を h，クーロン力の比例定数を k とする。水素原子の軌道半径 r は次のようになる。

$$r = \frac{h^2}{4\pi^2 kme^2} \times n^2 \quad (n = 1, \ 2, \ 3, \ \cdots\cdots)$$

この電子の位置エネルギー U は $\quad U = -k\dfrac{e^2}{r}$ なので，運動エネルギーとの和をとって，全エネルギーを E_n とすると

$$E_n = \boxed{} \times \frac{1}{n^2}$$

となる。この式に各数値を代入すると

$$E_n = -\frac{2.2 \times 10^{-18}}{n^2} \text{[J]}$$

となる。$h = 6.6 \times 10^{-34}$ [J·s]，真空での光速を 3.0×10^8 [m/s] とする。$n = 1$ の軌道にある電子を原子核から完全に引き離すには，紫外線をあてる必要がある。この紫外線の波長は $\boxed{}$ [m] 以下である。

解

(1) 等速円運動の式より

$$m\frac{v^2}{r} = k\frac{e^2}{r^2} \quad \therefore \quad \frac{1}{2}mv^2 = \frac{ke^2}{2r}$$

$$E_n = \frac{1}{2}mv^2 + \left(-k\frac{e^2}{r}\right) = \frac{ke^2}{2r} - \frac{ke^2}{r} = -\frac{ke^2}{2r}$$

r を代入して $\quad \underline{E_n = -\dfrac{2\pi^2 k^2 me^4}{h^2} \times \dfrac{1}{n^2}}$

(2) 原子が光を吸収するとき，光子のエネルギーは原子のエネルギー準位の増加量に等しい。

$$\frac{hc}{\lambda} = E_\infty - E_1 \quad \therefore \quad \lambda = \frac{hc}{E_\infty - E_1} = \frac{(6.6 \times 10^{-34})(3.0 \times 10^8)}{0 + 2.2 \times 10^{-18}}$$

$$= \underline{9.0 \times 10^{-8}} \text{[m]}$$

光を放出する場合も吸収する場合も，光子のエネルギーは原子のエネルギー準位の差に等しくなる。つまり，原子が放出する光の波長と吸収する光の波長は等しい。

例題 154

水素原子が放出する光の波長 λ は次式で示される。

$$\frac{1}{\lambda} = R\left(\frac{1}{l^2} - \frac{1}{n^2}\right)$$

ここで，l, n は自然数で，$l < n$ である。R はリュードベリ定数である。水素原子のエネルギーは特定の値（エネルギー準位）をもつ。それを，低い方から順に，E_1, E_2, E_3, ……とする。上式は，高いエネルギー準位 E_n の状態から低いエネルギー準位 E_l の状態に移るときに水素原子が放出する光の波長を示すものである。プランク定数を h，真空での光速を c とする。

(1) エネルギー準位 E_n の値を R, h, c および n を用いて表せ。

(2) $l = 2$（バルマー系列）の場合について，放出される光の最長波長と最短波長を R を用いて表せ。

解

(1) 問題文の式の両辺に hc を乗じると

$$\frac{hc}{\lambda} = hcR\left(\frac{1}{l^2} - \frac{1}{n^2}\right) = \frac{hcR}{l^2} - \frac{hcR}{n^2}$$

左辺の $\dfrac{hc}{\lambda}$ は放出される光子のエネルギーだから，右辺はこのときのエネルギー準位の変化に等しい。

$$\therefore \quad \frac{hc}{\lambda} = \frac{hcR}{l^2} - \frac{hcR}{n^2} = \left(-\frac{hcR}{n^2}\right) - \left(-\frac{hcR}{l^2}\right) = E_n - E_l$$

任意の n, l について上式が成立するので

$$\underline{E_n = -\frac{hcR}{n^2}} \qquad E_l = -\frac{hcR}{l^2}$$

(2) 最長波長 λ_{max} のとき，光子のエネルギー $\dfrac{hc}{\lambda_{max}}$ は最小である。これは，水素原子のエネルギー準位の変化が最小，すなわち，$n = 3$ から $l = 2$ への変化の場合である。

$$\frac{1}{\lambda_{max}} = R\left(\frac{1}{2^2} - \frac{1}{3^2}\right) \qquad \therefore \quad \lambda_{max} = \underline{\frac{36}{5R}}$$

最短波長 λ_{min} のとき，光子のエネルギー $\dfrac{hc}{\lambda_{min}}$ は最大である。これは，水素原子のエネルギー準位の変化が最大，すなわち，$n = \infty$ から $l = 2$ への変化の場合である。

$$\frac{1}{\lambda_{min}} = R\left(\frac{1}{2^2} - 0\right) \qquad \therefore \quad \lambda_{min} = \underline{\frac{4}{R}}$$

23 原 子 核

★★ 135. **原子核** 原子核に含まれる**陽子**の数 Z を ｱ といい，陽子の数と**中性子**の数の和 A を ｲ という。元素記号 X の原子及び原子核は，A と Z を用いて ${}^{A}_{Z}\text{X}$ と表される。${}^{235}_{92}\text{U}$ と，${}^{238}_{92}\text{U}$ のように ｳ が同じで ｴ が異なる原子を ｵ という。

陽子
中性子

••

★★ 136. **放射線** 原子核には不安定なものがあり，放射線を放出して他の原子核に変わっていく。放射線には，**α 線**，**β 線**および**γ 線**の3種類がある。α 線は ｱ の原子核で，正電荷をもつ。β 線は高速の ｲ で，負電荷をもつ。γ 線は波長が非常に ｳ い ｴ である。

••

137. **崩壊** 原子核が α 線（α 粒子ともいう）を放出して，他の原子核に変わる現象を **α 崩壊**という。原子核が α 崩壊をすると，質量数が ｱ 減り，原子番号が ｲ 減る。原子核が β 線を放出して，他の原子核に変わる現象を **β 崩壊**という。原子核が β 崩壊をすると，質量数は変わらず，原子番号が ｳ 増える。

解答▼解説

135. (ア)　原子番号　　(イ)　質量数　　(ウ)　原子番号または陽子数
(エ)　質量数または中性子数　　(オ)　同位体

```
---------------- 原子(核)の表し方 ----------------
   質量数＝陽子数＋中性子数····→A
                                    X ←----元素記号
   原子番号＝陽子数·············→Z
```

　　原子の化学的な性質は原子番号で決まるので，元素記号は原子番号に応じて定められている。

• •

136.　　α 線はヘリウム $_2^4$He の原子核，β 線は高速の電子である。γ 線は波長が非常に短い電磁波である。

• •

137.　　α 線（$_2^4$He の原子核）は 2 個の陽子と 2 個の中性子からなるので，放出によって質量数は　$2+2=4$ 減り，原子番号は 2 減る。原子核が β 線（電子）を放出すると，原子核の中の中性子 1 個が陽子に変わる。したがって，質量数は変わらないが，陽子が 1 個増えるので原子番号が 1 増える。

```
----------------- 放射性崩壊 -----------------
          ⎧ A→A-4              ⎧ A→A
   α崩壊 ⎨              β崩壊 ⎨
          ⎩ Z→Z-2              ⎩ Z→Z+1
```

★★ **138.　放射線の単位**　放射線（放射能）の強さはベクレル（記号 Bq）という単位で表される。この単位は，1 秒あたりに崩壊する ア である。**物質**が放射線から受ける影響の大きさはグレイ（記号 Gy）という単位で表される。この単位は，物質が 1 kg あたりに吸収する放射線の イ である。**人体**が放射線から受ける影響の大きさは，放射線の種類によっても異なるため，吸収する イ に放射線の種類によって異なる係数をかけたものを ウ という。 ウ の単位にはシーベルト（記号 Sv）という単位を用いる。人は，年間約 0.002 Sv の放射線を自然界から受けている。

• •

139.　半減期　半減期 T の原子核の数が，時刻 $t=0$ において N_0 個のとき，時刻 $t=2T$ に崩壊せず残っている原子核の数は ア 個である。また，この間に崩壊した原子核の数は イ 個である。任意の時刻 $t(t \geqq 0)$ において，崩壊せずに残っている原子核の数は ウ である。

• •

140.　原子質量単位　${}^{12}_{6}C$（炭素）原子 1 個の質量の $\dfrac{1}{12}$ を原子質量単位（記号 u）という。${}^{12}_{6}C$ 原子 1 モルの質量は 12 g なので，アボガドロ定数を 6.0×10^{23}〔1/mol〕とすると

$$1 \text{〔u〕} = \frac{1}{12} \times \frac{12 \times 10^{-3}}{\boxed{\text{ア}}} \text{〔kg〕}$$

となる。中性子および陽子 1 個の質量は約 イ u となる。

138. ベクレルは，1秒あたりに崩壊する<u>原子核の数</u>(ア)である。グレイは，物質が1kgあたりに吸収する放射線の<u>エネルギー</u>(イ)である。人体が受ける影響は<u>等価線量</u>(ウ)で示される。

●●

139. 崩壊せずに残っている原子核の数が，はじめの半分になるまでの時間を**半減期**という。

$t = 0$ から $t = T$ で半分の $\frac{1}{2}N_0$ になり，次の $t = T$ から $t = 2T$ では

さらにその半分の $\frac{1}{2}N_0 \times \frac{1}{2} = \underline{\frac{1}{4}N_0}$(ア) になる。この間に崩壊した原

子核の数は $N_0 - \frac{1}{4}N_0 = \underline{\frac{3}{4}N_0}$(イ) である。

任意の時刻 $t\,(t > 0)$ で残っている

原子核の数 N は $N = \underline{N_0\left(\frac{1}{2}\right)^{\frac{t}{T}}}$(ウ) で

ある。

> **半減期**
>
> $$N = N_0\left(\frac{1}{2}\right)^{\frac{t}{T}}$$

●●

140. 1モルの中に含まれる原子の数がアボガドロ定数なので

$$1\,[u] = \frac{1}{12} \times \frac{12 \times 10^{-3}}{6.0 \times 10^{23}}\,[kg] \quad \therefore \quad \underline{6.0 \times 10^{23}}_{(ア)}$$

原子核のまわりを回る電子の質量は，原子核の質量に比べて非常に小さいので，無視できる。よって，$^{12}_{6}C$ 1個の質量の $\frac{1}{12}$，すなわち，1u

は中性子や陽子1個の質量にほぼ等しい。 $\quad \therefore \quad \underline{1}_{(イ)}$

> **原子質量単位**
>
> $$1\,[u] = \frac{10^{-3}}{\text{アボガドロ定数}}\,[kg] \fallingdotseq \begin{array}{l}\text{陽子あるいは}\\\text{中性子1個の質量}\end{array}$$

141.　質量とエネルギー　原子核の質量は，それを構成する陽子や中性子がばらばらでいるときの質量の和よりもわずかに小さい。この質量差を　ア　という。原子番号 Z，質量数 A の原子核の質量を M〔kg〕，陽子1個の質量を m_p〔kg〕，中性子1個の質量を m_n〔kg〕とする。このとき，前述の質量差 Δm〔kg〕は

$$\Delta m = \boxed{\quad イ \quad}$$

真空での光速を c〔m/s〕とすると，この原子核は陽子と中性子がばらばらにある状態よりも　ウ　〔J〕だけエネルギーが低いことになる。このエネルギーを　エ　という。

･･････････････････････････････････････

142.　原子核反応　原子核どうしが衝突したりすると，他の原子核に変換される。これを原子核反応という。次の空欄を埋めよ。

$${}^{2}_{1}\text{H} + {}^{2}_{1}\text{H} \quad \longrightarrow \quad {}^{\boxed{ア}}_{\boxed{イ}}\text{He} + {}^{1}_{0}\text{n}\ (中性子)$$

$${}^{235}_{92}\text{U} + {}^{1}_{0}\text{n} \quad \longrightarrow \quad {}^{137}_{55}\text{Cs} + {}^{\boxed{ウ}}_{\boxed{エ}}\text{Mo} + 2{}^{1}_{0}\text{n} + 5\text{e}^{-}$$

$$(\text{e}^{-}\ は電子)$$

141. 質量欠損(ア)

陽子の数が Z で，中性子の数が $(A-Z)$ である。ばらばらのときの合計質量 M'〔kg〕は

$$M' = Zm_{\mathrm{p}} + (A-Z)m_{\mathrm{n}}$$

$$\therefore \quad \varDelta m = M' - M = \underline{Zm_{\mathrm{p}} + (A-Z)m_{\mathrm{n}} - M}_{(イ)}$$

$E = mc^2$ より，相当するエネルギーは

$$\varDelta m \cdot c^2 = \underline{\{Zm_{\mathrm{p}} + (A-Z)m_{\mathrm{n}} - M\}c^2}_{(ウ)} \qquad \underline{\textbf{結合エネルギー}}_{(エ)}$$

> **質量とエネルギーの等価性**
> $$E = mc^2$$

● ●

142.

> **原子核反応**
> **質量数の和が一定**
> **電気量の和が一定**

$_1^2\mathrm{H} + {}_1^2\mathrm{H} \rightarrow {}_2^4\mathrm{He} + {}_0^1\mathrm{n}$ とおく。

質量数の和が一定より　$2+2 = A+1$　　$\therefore$　$A = \underline{3}_{(ア)}$

電気量の和が一定より　$e+e = Ze+0$　$\therefore$　$Z = \underline{2}_{(イ)}$

ここで，e は電気素量である。

${}_{92}^{235}\mathrm{U} + {}_0^1\mathrm{n} \rightarrow {}_{55}^{137}\mathrm{Cs} + {}_y^x\mathrm{Mo} + 2{}_0^1\mathrm{n} + 5\,\mathrm{e}^-$ とおく。

質量数の和が一定より　$235+1 = 137+x+2$　　$\therefore$　$x = \underline{97}_{(ウ)}$

電気量の和が一定より　$92e = 55e + ye - 5e$　　$\therefore$　$y = \underline{42}_{(エ)}$

陽子, 中性子, 重水素原子核 $\left(^{2}_{1}H\right)$, ヘリウム原子核 $\left(^{4}_{2}He\right)$ の質量は, それぞれ, 1.0073 u, 1.0087 u, 2.0136 u, 4.0015 u である。アボガドロ定数を 6.0×10^{23} [1/mol], 真空での光速を 3.0×10^{8} m/s, 電気素量を 1.6×10^{-19} C とする。

(1) $^{2}_{1}H$ 核と $^{4}_{2}He$ 核の質量欠損はそれぞれ何 u か。

(2) $^{2}_{1}H$ 核と $^{4}_{2}He$ 核の結合エネルギーはそれぞれ何 MeV か。

(3) $^{2}_{1}H + ^{2}_{1}H \rightarrow ^{4}_{2}He$ の原子核反応がおこるとき, 解放されるエネルギーは何 MeV か。

解

(1) $^{2}_{1}H$ 核は陽子と中性子を 1 個ずつ含む。

$$\varDelta m_1 = (1.0073 + 1.0087) - 2.0136 = \underline{0.0024\ [\text{u}]}$$

$^{4}_{2}He$ 核は陽子と中性子を 2 個ずつ含む。

$$\varDelta m_2 = (2 \times 1.0073 + 2 \times 1.0087) - 4.0015 = \underline{0.0305\ [\text{u}]}$$

(2) $1\ [\text{u}] = \dfrac{10^{-3}}{6.0 \times 10^{23}}$ [kg], $1\ [\text{J}] = \dfrac{10^{-6}}{1.6 \times 10^{-19}}$ [MeV] なので

$$E_1 = \varDelta m_1 \cdot c^2 = \left(0.0024 \times \frac{10^{-3}}{6.0 \times 10^{23}}\right) \cdot (3.0 \times 10^{8})^2 = 3.6 \times 10^{-13}\ [\text{J}]$$

$$3.6 \times 10^{-13} \times \frac{10^{-6}}{1.6 \times 10^{-19}} = 2.25 [\text{MeV}] \qquad \therefore \quad \underline{2.3 [\text{MeV}]}$$

$$E_2 = \varDelta m_2 \cdot c^2 = \left(0.0305 \times \frac{10^{-3}}{6.0 \times 10^{23}}\right) \cdot (3.0 \times 10^{8})^2 \fallingdotseq 4.57 \times 10^{-12}\ [\text{J}]$$

$$4.57 \times 10^{-12} \times \frac{10^{-6}}{1.6 \times 10^{-19}} \fallingdotseq 28.6 [\text{MeV}] \qquad \therefore \quad \underline{29 [\text{MeV}]}$$

(3) 反応によって減少した質量 $\varDelta m$ は

$$\varDelta m = 2 \times 2.0136 - 4.0015 = 0.0257 [\text{u}]$$

この質量が反応によってエネルギーとして解放される。

$$E = \varDelta m \cdot c^2 = \left(0.0257 \times \frac{10^{-3}}{6.0 \times 10^{23}}\right) \cdot (3.0 \times 10^{8})^2 \fallingdotseq 3.86 \times 10^{-12}\ [\text{J}]$$

$$3.86 \times 10^{-12} \times \frac{10^{-6}}{1.6 \times 10^{-19}} \fallingdotseq 24.1 [\text{MeV}] \qquad \therefore \quad \underline{24 [\text{MeV}]}$$

例題 156

次の文中の空欄を埋めよ。

　輝く太陽のエネルギーは核融合反応によって生じる。高温の水素原子核 ^1_1H, すなわち, | 1 | が激しくぶつかり合って核反応する。このとき, 4 個の水素原子核 ^1_1H が | 2 | 個のヘリウム原子核 $^{\boxed{3}}_{\boxed{4}}He$ と 2 個の陽電子 e^+ になる。陽電子は, 陽子と同じ電荷をもち, 電子と同じ質量の粒子である。この反応では, 質量の 0.7 % が減少する。真空での光速を 3.0×10^8 m/s とすると, 水素原子核 ^1_1H の質量は 1.67×10^{-27} kg なので, この反応で生じるエネルギーは | 5 | J になる。

　現在の太陽の質量は 2.0×10^{30} kg である。もし, これが全部水素原子核 ^1_1H でできており, 上記の反応をすると仮定すると, 全部で | 6 | J のエネルギーを放出できることになる。太陽は毎秒 4.0×10^{27} J のエネルギーを放出しているので, この明るさが保たれるとすると, | 7 | 年間輝くことになる。

解

(1)〜(4)　陽電子を放出しても質量数は変わらない。

$$4\,^1_1H \rightarrow\,^4_2He + 2e^+ \qquad \underline{陽子}_{(1)} \quad \underline{1}_{(2)} \quad \underline{4}_{(3)} \quad \underline{2}_{(4)}$$

(5)　反応前の 4 個の水素原子核の質量の和は, $4 \times 1.67 \times 10^{-27} = 6.68 \times 10^{-27}$ 〔kg〕。この反応で失われる質量と生じるエネルギーは

$$\Delta m = 6.68 \times 10^{-27} \times 0.007 \fallingdotseq 4.68 \times 10^{-29}\,〔kg〕$$
$$E = \Delta m \cdot c^2 = 4.68 \times 10^{-29} \times (3.0 \times 10^8)^2 \fallingdotseq \underline{4.2 \times 10^{-12}}\,〔J〕$$

(6)　全質量 2.0×10^{30} kg の 0.7 % がエネルギーに変換されるものとする。

$$E_0 = (2.0 \times 10^{30} \times 0.007) \times (3.0 \times 10^8)^2 \fallingdotseq 1.26 \times 10^{45}$$
$$\therefore \quad \underline{1.3 \times 10^{45}}\,〔J〕$$

(7)　太陽が輝く継続時間を t〔s〕とすると

$$t = \frac{1.26 \times 10^{45}}{4.0 \times 10^{27}} = 3.15 \times 10^{17}\,〔s〕$$

1 年を 365 日とすると, 1 年は $365 \times 24 \times 60 \times 60$〔s〕である。

$$\frac{3.15 \times 10^{17}}{365 \times 24 \times 60 \times 60} \fallingdotseq \underline{1.0 \times 10^{10}}\,〔年〕(100 億年)$$

例題 **157**

それぞれ 2.0×10^{-13} J の運動エネルギーをもつ 2 つの重水素原子核 $_1^2\mathrm{H}$ が正面衝突し,次の反応が起こった。

$$_1^2\mathrm{H}+_1^2\mathrm{H}\ \ \rightarrow\ \ _1^3\mathrm{H}+_1^1\mathrm{H}$$

この反応では,解放されたエネルギーが生成された $_1^3\mathrm{H}$ と $_1^1\mathrm{H}$ の運動エネルギーになり,光子などの発生はないものとする。$_1^1\mathrm{H}$, $_1^2\mathrm{H}$, $_1^3\mathrm{H}$ の質量をそれぞれ 1.6726×10^{-27}kg, 3.3435×10^{-27}kg, 5.0073×10^{-27}kg とし,真空での光速を 3.0×10^8 m/s とする。

(1) 反応により減少した質量は何 kg か。

(2) この核反応では運動量が保存される。生成された $_1^1\mathrm{H}$ の運動エネルギーは,生成された $_1^3\mathrm{H}$ の運動エネルギーの何倍か。

(3) 生成された $_1^1\mathrm{H}$ の運動エネルギーは何 J か。

解

(1) $\Delta m=(2\times3.3435-5.0073-1.6726)\times10^{-27}=\underline{7.1\times10^{-30}}$〔kg〕

(2) 質量と速さを下図のようにおく。運動量保存より

$_1^2\mathrm{H}\,(m_2)$

$_1^3\mathrm{H}\,(m_3)$　$_1^1\mathrm{H}\,(m_1)$

$$m_2v_2-m_2v_2=m_1v_1-m_3v_3$$

$$\therefore\ \ \frac{v_1}{v_3}=\frac{m_3}{m_1}$$

$$\frac{\frac{1}{2}m_1v_1{}^2}{\frac{1}{2}m_3v_3{}^2}=\frac{m_1}{m_3}\left(\frac{v_1}{v_3}\right)^2=\frac{m_1}{m_3}\left(\frac{m_3}{m_1}\right)^2=\frac{m_3}{m_1}$$

$$\therefore\ \ \frac{m_3}{m_1}=\frac{5.0073\times10^{-27}}{1.6726\times10^{-27}}\fallingdotseq\underline{3.0}\ 〔倍〕$$

ココが
ポイント
核反応では運動量保存

(3) 反応によって生じたエネルギーは

$$\Delta m\cdot c^2=7.1\times10^{-30}\times(3.0\times10^8)^2=6.39\times10^{-13}\ 〔\mathrm{J}〕$$

反応前の $_1^2\mathrm{H}$ はそれぞれ 2.0×10^{-13}J の運動エネルギーをもっていたので,反応後の $_1^1\mathrm{H}$ と $_1^3\mathrm{H}$ の運動エネルギーの和は $(6.39+2\times2.0)\times10^{-13}=10.39\times10^{-13}$〔J〕となる。

$$\therefore\ \ \frac{1}{2}m_3v_3{}^2+\frac{1}{2}m_1v_1{}^2=\frac{1}{3.0}\times\frac{1}{2}m_1v_1{}^2+\frac{1}{2}m_1v_1{}^2=10.39\times10^{-13}$$

$$\therefore\ \ \frac{1}{2}m_1v_1{}^2=10.39\times10^{-13}\times\frac{3.0}{4.0}\fallingdotseq\underline{7.8\times10^{-13}}〔\mathrm{J}〕$$

[例題] **158**

自然界に存在する ${}^{238}_{92}\text{U}$, ${}^{235}_{92}\text{U}$ および ${}^{232}_{90}\text{Th}$ は α 崩壊と β 崩壊をくりかえし，最後には安定な ${}^{208}_{82}\text{Pb}$, ${}^{207}_{82}\text{Pb}$ あるいは ${}^{206}_{82}\text{Pb}$ になる。

(1) はじめの原子核と最後の安定な原子核の組み合わせをすべて示せ。

(2) (1)の組み合わせの中で崩壊をくりかえす途中，${}^{224}_{88}\text{Ra}$ になるのはどれか。また，${}^{224}_{88}\text{Ra}$ になるまでに β 崩壊は何回起きるか。

(3) ${}^{235}_{92}\text{U}$ の半減期は 7.10×10^8 年である。3.55×10^8 年後の ${}^{235}_{92}\text{U}$ の量ははじめの何倍になるか。

[解]

(1) 質量数に着目する。α 崩壊の回数を m とすると

${}^{238}_{92}\text{U}$ $\quad 238 - 4m = \cdots\cdots,\quad 210 \quad,\quad \mathbf{206}$

$\qquad\qquad\qquad\qquad\qquad (m=7)\quad (m=8)$

${}^{235}_{92}\text{U}$ $\quad 235 - 4m = \cdots\cdots,\quad 211 \quad,\quad \mathbf{207}$

$\qquad\qquad\qquad\qquad\qquad (m=6)\quad (m=7)$

${}^{232}_{90}\text{Th}$ $\quad 232 - 4m = \cdots\cdots,\quad 212 \quad,\quad \mathbf{208}$

$\qquad\qquad\qquad\qquad\qquad (m=5)\quad (m=6)$

$\therefore \quad \underline{{}^{238}_{92}\text{U} \rightarrow {}^{206}_{82}\text{Pb}}, \quad \underline{{}^{235}_{92}\text{U} \rightarrow {}^{207}_{82}\text{Pb}}, \quad \underline{{}^{232}_{90}\text{Th} \rightarrow {}^{208}_{82}\text{Pb}}$

(2) ${}^{224}_{88}\text{Ra}$ との質量数の差が 4 の倍数であればよい。

$238 - 224 = 14, \quad 235 - 224 = 11, \quad 232 - 224 = 8 = 4 \times 2$

$\therefore \quad \underline{{}^{232}_{90}\text{Th} \rightarrow {}^{208}_{82}\text{Pb}}$

上式より，α 崩壊は 2 回起きる。次に，原子番号の変化に着目する。α 崩壊では 1 回につき 2 減り，β 崩壊では 1 回につき 1 増える。 β 崩壊の回数を n として

$90 - 2 \times 2 + n = 88 \quad \therefore \quad n = \underline{2\,\text{回}}$

(3) $N = \left(\dfrac{1}{2}\right)^{\frac{t}{T}} N_0, \quad \dfrac{t}{T} = \dfrac{3.55 \times 10^8}{7.10 \times 10^8} = 0.5$

$\therefore \quad \dfrac{N}{N_0} = \left(\dfrac{1}{2}\right)^{0.5} = \dfrac{1}{\sqrt{2}} \fallingdotseq \underline{0.707\,\text{倍}}$

質量数は α 崩壊のときだけ変化する

宇宙線(地球の外部から降りそそぐ放射線)のはたらきにより,大気中には放射性元素 $^{14}_{6}C$ が生じる。$^{14}_{6}C$ の半減期は 5.73×10^3 年であり,β 崩壊して窒素 N になる。この反応式は

$$^{14}_{6}C \rightarrow \boxed{1}$$

大気中の $^{14}_{6}C$ の数は,崩壊によって失われる分と宇宙線によって生じる分がバランスし,長い年月にわたって変化していない。大気中においては,安定な元素 $^{12}_{6}C$ とこの $^{14}_{6}C$ の存在比は

$$1 \quad : \quad 10^{-12}$$
$$(^{12}_{6}C) \quad (^{14}_{6}C)$$

である。生存している植物は,常に大気を取り入れているので,$^{12}_{6}C$ と $^{14}_{6}C$ の存在比が大気中の比に等しい。しかし,植物が枯死すると,大気を取り入れなくなるので,$^{14}_{6}C$ だけが崩壊し,その比が変わる。枯死してから 5.73×10^3 年たつ植物では,上の比は $1 : \boxed{2}$ になる。いま,きわめて古い木材が発見され,その $^{12}_{6}C$ と $^{14}_{6}C$ の存在比が $1 : 2.5 \times 10^{-13}$ であった。この木材中の $^{14}_{6}C$ は,生存中の $\boxed{3}$ 倍になっているので,枯死したのは $\boxed{4}$ 年前であると推定できる。

解

(1) β 崩壊では,原子核から電子が放出される。このとき,質量数は変わらないが,原子番号は 1 増える。

$$^{14}_{6}C \rightarrow ^{14}_{7}N + e^-$$

(2) 5.73×10^3 年はちょうど半減期なので,$^{14}_{6}C$ の数は半分になる。

$$\therefore \quad 1 : 10^{-12} \times \frac{1}{2} = 1 : \underline{5 \times 10^{-13}}$$

(3) 上と同様に $1 : 10^{-12} \times x = 1 : 2.5 \times 10^{-13}$

$$\therefore \quad x = \frac{2.5 \times 10^{-13}}{10^{-12}} = \underline{0.25}$$

(4) $^{14}_{6}C$ の数が $0.25 = \frac{1}{4}$ 倍になっているということは,$\frac{1}{4} = \left(\frac{1}{2}\right)^2$ なので,半減期の 2 倍だけ時間がたっている。

$$\therefore \quad t = 2T = 2 \times 5.73 \times 10^3 \fallingdotseq \underline{1.1 \times 10^4}$$